万安水库水生态建设

姚 娜 张 萌 著

U0344051

中国环境出版集团·北京

图书在版编目（CIP）数据

万安水库水生态建设/姚娜，张萌著. —北京：中国环境出版集团，2023.9

ISBN 978-7-5111-5614-3

Ⅰ.①万⋯ Ⅱ.①姚⋯②张⋯ Ⅲ.①水库—流域—区域生态环境—生态环境建设—研究—万安县 Ⅳ.①X321.256.4

中国国家版本馆 CIP 数据核字（2023）第 174667 号

出 版 人	武德凯	
责任编辑	韩　睿	
封面设计	彭　杉	
出版发行	中国环境出版集团	
	（100062　北京市东城区广渠门内大街 16 号）	
	网　　　址：http://www.cesp.com.cn	
	电子邮箱：bjgl@cesp.com.cn	
	联系电话：010-67112765（编辑管理部）	
	发行热线：010-67125803，010-67113405（传真）	
印　　刷	北京建宏印刷有限公司	
经　　销	各地新华书店	
版　　次	2023 年 9 月第 1 版	
印　　次	2023 年 9 月第 1 次印刷	
开　　本	787×960　1/16	
印　　张	10.5	
字　　数	155 千字	
定　　价	76.00 元	

著者名单

（按姓氏拼音排序）

程清清　　刘永轩　　万禀颢

吴俊伟　　游艳萍　　周　憨

题记："青山曲折水天平，不是南征是北征。举世更无巡远死，当年谁道甫申生。遥知岭外相思处，不见滩头皇恐声。传语故园猿鹤好，梦回江路月风清。"——文天祥《万安县》

万安，被誉为"千年古城"，是江西省吉安市南部门户县，处于赣江中游，为江西省第二大人工湖（万安水库）所在县，全县土地总面积 2 051 km²，海拔跨度 70～1 152.9 m（最高峰——雪山西段凉伞嵊）。万安县作为革命老区，是历史著名的"万安暴动"策源地，蜚声中外，为中央苏区和井冈山革命根据地的重要组成部分。万安作为原中央苏区县，创建了历史上江西省第一个县级苏维埃政府。

万安不仅历史悠久，文化资源丰富，而且自然风光独特，自然禀赋较好。赣江在此穿城而过，著名的赣江十八滩分布于斯，良口滩、昆仑滩、晓滩、武术滩、小蓼滩、大蓼滩、棉津滩、漂神滩和惶恐滩等十八滩耳熟能详（部分位于万安县），惶恐滩作为南宋文学家、爱国诗人文天祥笔下的著名滩渚流传千古，万安还拥有千里赣江最美江风。现今赣江十八滩已被淹没，无旧迹可循。矗立在惶恐滩上的全国重点建设工程——万安水库，库区水面面积 107.5 km²，年均涵养清洁水源 297 亿 m³，成为“高峡出平湖”的又一典型实战。

万安县域地貌以山地、丘陵为主，森林覆盖度高。赣江与万安水库编织的密集河湖网络，构成了赣中“山水林田湖”构成的生态屏障，同时也形成了多样的生态系统。这里生物多样性丰富，其中水生生物尤为多样，为赣江河段水生生物多样性热点区，拥有《江西省生物多样性保护战略与行动计划（2013—2030 年）》提及的 2 处省级生物多样性优先区域（赣中河网区、雩山山脉南段）。2018 年，流域内拥有国家森林公园 1 处(万安国家森林公园，面积 16 333 hm²)、国家湿地公园 1 处（万安湖国家湿地公园，4 730.91 hm²）、国家级景区 1 处（4A 级：万安县高陂田北农民画村景区）、国家级水产种质资源保护区 1 处（万安水库库区及赣江万安河段：赣江万安河段特有鱼类——翘嘴鲌、斑鳜、蛇鮈等）、自然保护区 1 处（月明自然保护区，2 000 hm²），并拥有 2 000 余种维管束植物、600 余种野生动物，其中有珍稀濒危保护动物 30 余种，国家级和省级重点保护植物 90 余种（占全省的一半），螺蚌类多达 59 种。流域各类珍稀濒危植物种类多、濒危等级高，具有极高的保护价值。

作为赣江流域和鄱阳湖生态经济区的重要生态涵养区，万安县生态功能突出，其影响远超江西省的地域范围，也对长江中下游地区产生极为深远的影响。万安在江西省主体功能区中的定位是省级重点生态功能区，也被国家列为"国家重点生态功能区""国家生态文明示范工程试点县""国家生态保护与建设示范县"。

万安是江西省乃至我国农副产品重要产地，是江西省无公害水产品养殖基地、江西省商品猪生产重点县、水产大县、粮食生产大县、油料生产大县和国家优质稻生产基地县、脐橙标准化生产示范区、富硒大米标准化生产示范区。随着区域社会经济的快速发展，万安县农业开发与环境保护的矛盾日益突出，畜禽养殖业、水产养殖业及粮果种植业成为该县重要污染源。此外，区域人口数量较大，人民群众的生产生活方式正在发生深刻变化，快速城镇化带来的滨河城镇生活源营养物质大量输入，使万安县部分河段及山塘湖库水体富营养化趋势明显，水质退化明显。部分乡镇水环境污染已明显的呈现未富先"病"的掣肘，逐渐制约万安社会经济的可持续发展、脱贫致富和农副产品质量，同时极大影响了万安人们的好山好水留给的印象和区域绿色崛起。

万安作为原中央苏区，流域生态环境保护和生态脱贫得到党和国家各级领导的高度重视。万安水库生态环境保护与治理问题已被纳入《国务院关于支持赣南等原中央苏区振兴发展的若干意见》（国发〔2012〕21 号）、《赣闽粤原中央苏区振兴发展规划》和《水质较好湖泊生态环境保护总体规划（2013—2020 年)》（环发〔2014〕138号），万安水库还被列入《水污染防治行动计划》中的污染治理名单。

随着区域生态文明先行示范区建设的深入，万安县提出"生态立县"的发展战略，坚持不懈保护青山绿水，着力打造金山银山的生态建设之路，推动"四色"（红色、绿色、古色和特色）生态产业发展，结合生态扶贫，把水污染防治工作做得深切且符合流域健康发展。对于推进形成人口、经济、资源、环境相协调的国土空间开发格局而言，建设山水万安、和谐万安、富裕万安、美丽万安有着十分重要的战略意义。

　　本书在编写过程中，虽经多次修改完善，文字和数据也多次校核，但由于编者水平有限，时间较紧，不足之处在所难免，望社会各界及同行专家不吝指正，深表谢意！

编制技术组

2022 年 2 月

目 录

第 1 章

水污染防治总体方案设计

1.1　方案编制背景

水安全关系每个国人的健康与生命安全，关系中华民族赖以生存的家园。这些年水环境质量差、水生态受损严重困扰着九州大地上的中华儿女。党中央瞄准当前影响水安全的种种问题。为切实加大我国水污染防治力度，保障国家水安全，推进"蓝天常在、青山常在、绿水常在"的美丽中国建设，国务院于 2015 年 4 月 2 日印发《水污染防治行动计划》（国发〔2015〕17 号，以下简称"水十条"），提出十条行动计划，35 款、76 项、238 个具体措施，使政府、企业、公众"攥成一个拳头"，向水污染宣战。以改善环境质量为核心，明确要求"对江河湖海实施分流域、分区域、分阶段科学治理"，重点关注具有区域性、流域性等的水体的好/差两头，切实保障饮用水水源地等优质水体安全并使其水质得到持续改善。

2015 年 9 月，中共中央、国务院印发《生态文明体制改革总体方案》，该方案被视为生态文明各领域改革的纲领性文件，阐明了我国生态文明体制改革的指导思想、理念、原则、目标、实施保障等重要内容，提出要加快建立系统完整的生态文明制度体系。此方案设定了我国生态文明体制改革的目标，也就是在"十三五"期间，构建起由自然资源资产产权制度、国土空间开发保护制度、空间规划体系、资源总量管理和全面节约制度、资源有偿使用和生态补偿制度、环境治理体系、环境治理和生态保护市场体系、绩效评价考核和责任追究制度 8 项制度构成的生态文明制度体系。

2015 年 10 月底，环境保护部对外公布《国家环境保护"十三五"规划基本思路》，初步提出 2020 年及 2030 年的两个阶段性目标，在"十三五"期间，建立环境质量改善和污染物总量控制的双重体系，实施大气、水、土壤污染防治行动计划，实现三大生态系统全要素指标管理；提出"要以质量改善为核心，优化和完善主要污染物总量控制指标体系"。

江西省作为水环境总体较好的省份，在快速工业化的进程中面临越来越严峻的水污染困境。近年来鄱阳湖水质逐渐退化，达标率显著下降。为避免走"先污染，后治理"的老路，引导社会经济与生态环境协调可持续发展，建设全国生态文明先行示范区江西样本，江西省政府于 2015 年 12 月 31 日印发《江西省水污染防治工作方案》（赣府发〔2015〕62 号），主要任务中明确要"全力保障饮用水水源安全，强化河湖水生态安全保护，整治城市黑臭水体，保障水生态环境安全"，"强化江河源头区水生态环境保护"。

为推进"水十条"和国家"十三五"环境保护相关规划重大项目实施，环境保护部和财政部于 2016 年 2 月 3 日联合加急下发《环境保护部、财政部关于开展水污染防治行动计划项目储备库建设的通知》（环规财〔2016〕17 号），要求各地根据《水污染防治行动计划项目储备库建设工作方案》，结合本地实际情况，制定本行政区域省级储备库建设工作方案，在此基础上积极申报中央储备库。2016 年 3 月 15 日，江西省环保厅和财政厅下发《关于江西省水污染防治行动计划项目储备库建设工作方案的通知》（赣环财字〔2016〕7 号），指导地方各县市开展各级储备库建设。

这项工作将改变各级环保部门长期以来不善孕育项目、"拍头式"报送项目甚至无项目的被动且不成熟的工作局面，这将使各级环保事业健康有序发展，迎来新的春天和体制机制上的重大革新。

为积极推进"水十条"、《江西省水污染防治行动计划》，江西省实施"十三五"环境保护相关规划重大项目，规范项目管理，提高资金使用效益，依据《环境保护部、财政部关于开展水污染防治行动计划项目储备库建设的通知》（环规财〔2016〕17 号）等文件精神，着力开展万安县水生态建设项目的总体方案设计，精心规划编制重点流域万安水库流域区间河流水污染防治储备库建设方案。

万安水系，位于江西省吉安市，是我国重点生态扶贫区（国家级贫困县——万安县），也是江西省乃至全国的重要生态屏障区和红色文化发源地；万安水库生态环境保护与治理问题已被纳入《国务院关于支持赣南等原中央苏区振兴发展的若干意见》（国发〔2012〕21 号）和《赣闽粤原中央苏区振兴发展规划》，万安水库保护被列入《水质较好湖泊生态环境保护总体规划（2012—2020 年）》（环发〔2014〕138 号），2015 年被列入"水十条"污染防治名单。区域的生态环境健康与否、水环境质量保护程度如何，时刻牵动着国家领导层对老区生态环境关切的心。借助国家对水污染防治系统工作的改革春风，开展积极主动且深入细致的保护工作，回馈和扶持老区人民并夯实生态扶贫的生态根基。

1.2 指导思想与编制原则

1.2.1 指导思想

深入贯彻党的十八大和十八届三中、四中、五中、六中全会及习近平总书记系列重要讲话精神，将生态文明建设、生态扶贫和精准扶贫有机结合，以稳步改善水环境质量为核心，实施分流域、分区域、分阶段科学治理，强化水污染源头治理，系统推进水污染防治、水生态保护和水资源管理。坚持政府市场协同，注重改革创新；坚持全面依法推进，实行最严格的环保制度；坚持实施"河长制"，严格各地各部门考核问责；坚持全民参与，推动节水洁水人人有责，形成"政府统领、企业施治、市场驱动、公众参与"的水污染防治新机制，实现环境效益、经济效益与社会效益多赢，为全国生态文明先行示范区的建设不懈奋斗。

在加强顶层设计的指导思想下，及早谋划"十三五"水污染防治重点项目，建立"水十条"项目储备库，提高水污染防治项目储备能力，争取将项目纳入中央项目储备库；建立项目动态调整机制，全面反映项目实施情况，保障水污染防治重点工作任务顺利完成。提前做好可行性研究、评审、招投标、政府采购等前期准备工作，确保预算一旦批复或下达，项目即可落地，这样资金就能及时拨付，投资就能尽早发挥环境效能。

1.2.2 编制原则

（1）统筹规划，突出重点。各地应按照本区域经济社会发展和环境保护相关规划，结合项目实施基础及水环境现状、问题及保护目标，统筹安排水污染防治项目实施。入库项目应以解决本区域突出的水环境问题为重点，优先考虑纳入省级以上相关规划和计划的重大工程项目。

（2）分级建设，择优支持。区分各级政府事权，"水十条"项目储备库按省级项目储备库、地市级储备库分级建设和管理。地市级储备库建设以地市级环保局、财政局为主，自行组织项目库申报和审核；省级储备库建设以省环保厅、财政厅为主，项目来源于地市级，省级财政资金对省级储备库的项目择优支持并支持纳入中央储备库的项目。

（3）合理排序，动态管理。入库项目应根据项目前期工作和实施进展，按照轻重缓急、择优遴选的原则合理排序，对延续项目和当年未安排的项目实行滚动管理。储备库中项目信息应定期补充和更新，补充符合相关要求的项目，同时调出不再符合储备范围、无法实施的项目，形成"建成一批、淘汰一批、充实一批"的良性循环机制。

（4）有效激励，严格约束。建立完善的激励约束机制。对实施进度较快、资金效益较好的项目，加大支持力度；对实施进度较慢、资金效益较差的项目，限期整改；对连续两年未安排使用的结转资金，由同级财政部门收回统筹使用。

（5）强化监管，注重效益。加强中央资金的监管，保障资金使用的合理合法，并注重投资的生态环境效益、社会效益和经济效益的产出。每年度对中央和省级投资的储备库项目进行投资效益产出比评估，形成"面向效益，社会认可，公众感知"的水污染防治良性机制。

1.3　实施范围、实施时段及重点控制片区

1.3.1　实施范围

方案涉及范围为万安县全域，土地总面积达 2 051 km², 水系包括赣江干流、万安水库坝上核心库区。坝上的入湖河流有漂背水、皂口水、棉津水、白鹭水、武术水、良口水，坝下入河的有通津河、建设水、十垅河、遂川江、廓埠河等。

1.3.2　实施时段

实施时段：2017—2020 年。

1.3.3　重点控制片区

重点控制片区的确定综合考虑万安县社会经济发展特征、水污染特征、区域未来发展战略及水污染防治需求等因素，在全流域框架下统筹设计，结合水质实际情况予以确定。

1.4　编制依据

1.4.1　有关法律、法规、条例及规范性文件

- 《中华人民共和国环境保护法》（2014 年 8 月 26 日修订）
- 《中华人民共和国水法》（2016 年 7 月 2 日通过，主席令　第四十八号）
- 《中华人民共和国水污染防治法》（2008 年 2 月 28 日修订）
- 《中华人民共和国水土保持法》（2010 年 12 月 25 日修订）
- 《中华人民共和国城乡规划法》（2007 年 10 月 28 日通过）

- 《中华人民共和国土地管理法》（2019 年 8 月 26 日通过）
- 《中华人民共和国水污染防治法实施细则》（2000 年 3 月 20 日国务院令第 284 号）
- 《中华人民共和国河道管理条例》（2018 年 3 月 19 日修订）
- 《中华人民共和国自然保护区条例》（2017 年 10 月 7 日修订）
- 《中华人民共和国野生动物保护法》（2022 年 12 月 30 日修订）
- 《中华人民共和国渔业法》（2013 年 12 月 28 日修正）
- 《中华人民共和国森林法实施条例》（2018 年 3 月 19 日国务院令第 278 号）
- 《中华人民共和国陆生野生动物保护实施条例》（2016 年 2 月 6 日修订）
- 《中华人民共和国野生植物保护条例》（2017 年 10 月 7 日国务院令第 204 号）
- 《中华人民共和国水生野生动物保护实施条例》（2013 年 12 月 7 日修订）
- 《中华人民共和国森林法》（2019 年 12 月 28 日修正）
- 《中华人民共和国节约能源法》（2016 年 7 月 2 日通过，主席令　第四十八号）
- 《中华人民共和国清洁生产促进法》（2013 年 6 月 29 日修正）
- 《森林和野生动物类型自然保护区管理办法》（1985 年 6 月 21 日国务院批准）
- 《国务院关于加强环境保护重点工作的意见》（国发〔2011〕35 号）
- 《饮用水水源保护区污染防治管理规定》（2010 年 12 月 22 日修正）
- 《建设项目环境保护管理条例》（2017 年 7 月 16 日修订）
- 国务院办公厅转发环保总局等部门《关于加强农村环境保护工作意见的通知》（国办发〔2007〕63 号）
- 《国务院办公厅转发环境保护部等部门关于实行"以奖促治"加快解决突出的农村环境问题实施方案的通知》（国办发〔2009〕11 号）

- 中共中央、国务院《关于加快推进生态文明建设的意见》（2015 年 4 月 25 日）
- 《生态文明体制改革总体方案》（2015 年 9 月 11 日通过中央政治局审议）
- 《中共中央关于制定国民经济和社会发展第十三个五年规划的建议》（2015 年 10 月 29 日中国共产党第十八届中央委员会第五次全体会议审议通过）
- 《国务院关于印发水污染防治行动计划的通知》（国发〔2015〕17 号）
- 《国务院关于支持赣南等原中央苏区振兴发展的若干意见》（国发〔2012〕21 号）
- 财政部、环境保护部《关于印发〈中央农村环境保护专项资金管理暂行办法〉的通知》（财建〔2009〕165 号）
- 《关于印发〈水污染防治专项资金管理办法〉的通知》（财建〔2015〕226 号）
- 六部委《关于印发江西省生态文明先行示范区建设实施方案的通知》（发改环资〔2014〕2508 号）
- 环境保护部、财政部《关于印发〈中央农村环境保护专项资金管理环境综合整治项目管理暂行办法〉的通知》（环发〔2009〕48 号）
- 环境保护部《关于进一步加强农村环境保护工作的意见》（环发〔2011〕29 号）
- 《关于印发〈水质较好湖泊生态环境保护总体规划（2013—2020 年）〉的通知》（环发〔2014〕138 号）
- 《江西省环境保护条例》（2009 年 1 月 1 日修订）
- 《鄱阳湖生态经济区环境保护条例》（2019 年 11 月 27 日）
- 《江西省湿地保护条例》（2012 年 3 月 29 日通过审议）
- 《鄱阳湖生态经济区水污染物排放标准》（2015 年 10 月 1 日）
- 中共江西省委、江西省人民政府《贯彻落实〈国务院关于支持赣南等原

中央苏区振兴发展的若干意见〉的实施意见》(赣发〔2012〕8号)

- 《关于印发江西省水污染防治工作方案的通知》(赣府发〔2015〕62号)
- 《江西省省级环境保护专项资金使用管理办法》(赣财建〔2004〕177号)
- 《中共江西省委 江西省人民政府〈关于建设生态文明先行示范区的实施意见〉》(赣发〔2014〕26号)

1.4.2 有关标准和规范

- 《地表水环境质量标准》(GB 3838—2002)
- 《自然保护区管护基础设施建设技术规范》(HJ/T 129—2003)
- 《自然保护区工程设计规范》(LY/T 5126—2004)
- 《国家林业局关于加强自然保护区建设管理工作的意见》(林护发〔2005〕55号)
- 《国务院办公厅关于加强湿地保护管理的通知》(国办发〔2004〕50号)
- 《农村环境连片整治技术指南》(HJ 2031—2013)
- 《江西省水(环境)功能区划》(2006年7月)
- 《江西省生态功能区划》(2007年)
- 《江西省生态空间保护红线区划》(2016年7月)

1.4.3 其他文件资料

- 江西省林业厅《关于公布〈江西省第一批省重要湿地名录〉的通知》(赣林护发〔2014〕22号)
- 《中国生物多样性保护战略与行动计划(2011—2030年)》
- 《江西省生物多样性保护战略与行动计划(2013—2030年)》
- 《中国21世纪议程林业行动计划》
- 《全国野生动植物保护和自然保护区建设工程总体规划》
- 《环境保护部、财政部关于开展水污染防治行动计划项目储备库建设的通

知》（环规财〔2016〕17 号）

- 《赣闽粤原中央苏区振兴发展规划》
- 江西省环境保护厅、江西省财政厅《关于江西省水污染防治行动计划项目储备库建设工作方案的通知》（赣环财字〔2016〕7 号）
- 《江西省自然保护区建设与发展规划（2012—2030 年）》
- 《万安县统计年鉴》
- 《吉安市国民经济和社会发展第十三个五年规划纲要》
- 《万安县国民经济和社会发展第十三个五年规划纲要》

第
2
章

流域水环境概况

2.1　流域位置与范围

　　万安县位于罗霄山脉东麓、江西省中南部、吉安市南缘，居赣江上游东西两岸，地跨东经 114°30′～115°5′、北纬 26°8′～27°43′。县境东西宽约 47 km、南北长约 65.5 km，土地总面积 2 051 km²。县境东与兴国县接壤，南与赣县、南康县相邻，西与遂川县交界，北与泰和县毗连。赣江由南至北纵贯该县，可上溯赣州市，下抵九江市。105 国道、赣江水道和赣粤高速公路成"川"字形纵贯县境。县城至高速公路互通口 7 km，经高速公路至井冈山火车站 40 km，至井冈山机场 50 km，至吉安海关 60 km。已开辟县城至省内大部分城市和广东、福建两省主要城市的陆路客运线路，交通较为便捷。

　　万安县生态功能区以万安水库为中心，处于赣江中游，跨吉安市万安县、赣州市赣县和章贡区，水库坝址为万安县城芙蓉镇上游 2 km 的土桥头。其地理坐标为东经 114°41′～115°01′，北纬 25°52′～26°33′。坝上流域内有万安湖国家湿地公园、万安国家森林公园、天湖山县级自然保护区和月明县级自然保护区及省级重点风景名胜区的部分地区。经万安县人民政府与江西省环境保护厅共同确定的生态功能区的具体规划范围包括芙蓉镇、五丰镇、沙坪镇、武术乡、宝山乡、枧头镇、弹前乡、夏造镇、涧田乡、顺峰乡等。

2.2　流域自然地理和社会经济概况

2.2.1　自然地理概况

2.2.1.1　地形地貌

　　县境地处罗霄山东麓、吉泰盆地南端，地势南高北低，由南向北依次为山地、丘陵、平原，属典型的江南丘陵地貌特征，地面高程在海拔（吴淞高程）70～80 m。

境内山地约占全县总面积的 34%，丘陵约占 30%，低丘岗地约占 35%，平原只占 1%。

2.2.1.2　气候

万安县地处江西省中部，属于亚热带季风气候区，温暖、湿润，具有四季分明、气候温和、光照充足、雨量充沛、无霜期长、生长季长等特点，适宜于稻、甘蔗等喜温作物的种植，也有利于秋播作物安全过冬，具有优越的农业气候资源，也具有亚热带常绿阔叶林生长的良好条件。县城常年主导风向为北风，相应频率为 19%，4—8 月多为东南风，年平均风速为 2.6 m/s。多年平均相对湿度为 79%。年平均气温是 18.4℃，7 月最热，月平均气温为 29.5℃，极端最高气温为 40.1℃；1 月最冷，月平均气温为 6.7℃，极端最低气温为−6.9℃；无霜期平均为 288 天，最长 346 天，最短 250 天；多年平均降水量为 1 330.8 mm，年降水量为 1 340～1 700 mm。

2.2.1.3　水文

主干河流赣江由南向北纵贯县境中部，县境内总长 90 km，其主要支流有流经县境西北部的蜀水和流经县境西部的遂川江等。

1）赣江流域

赣江位于江西省中南部，为江西省最大的河流。赣水东源贡水为赣江正源，出武夷山赣源崇，由绵水和湘水汇合而成；西源章水，出大庾岭。章、贡两水在赣州市汇合后曲折北流，经吉安市、樟树市、丰城市到南昌市，分 4 条支流注入鄱阳湖。赣江贯穿万安县，所以有"河东片"和"河西片"之分。沿江河段直接汇入赣江的一级支流有：河东片良口河、武术河、龙溪河、苏溪河、廓埠河和通津河，河西片弹前河、皂口河、棉津河、遂川江、土龙河和韶口河。此外，还有一支蜀水在万安县西北边境擦过，在泰和县的蜀口洲汇入赣江，在县境内形成了比较完整的以赣江为主的河流体系，森林公园内部的水系分布也是这种格局。县内的流域面积为 3 505.01 km²，河道总长 363.9 km，全县多年平均径流为 17.9 亿 m³，河网密度为 5.24 km/km²。

万安水库坝上水系名称如下：

（1）顺峰乡：白鹭水。

（2）涧田乡：良口河。

（3）武术乡：武术河。

（4）沙坪镇：皂口河。

（5）弹前乡：弹前河、漂背水。

万安水库坝下汇入干流水系的水系名称如下：

（1）韶口乡：韶口河。

（2）潞田镇、罗塘乡：土龙河。

（3）芙蓉镇：龙溪河。

（4）窑头镇：通津河。

（5）百嘉镇、芙蓉镇：苏溪河。

（6）百嘉镇：廓埠河。

（7）高陂镇：蜀水。

（8）五丰镇：遂川江。

河流基本特征如表 2.1 所示。

万安县有赣江主流及其支流良口河年均径流量 4.28 亿 m³，可开发量 3 669 kW；武术河年均径流量 1.1 亿 m³，可开发量 1 000 kW；通津河年均径流量 3.03 亿 m³，可开发量 3 840 kW；龙溪河年均径流量 0.37 亿 m³，可开发量 500 kW；弹前河年均径流量 0.75 亿 m³，可开发量 312 kW；皂口河年均径流量 1.86 亿 m³，可开发量 1 077 kW；土龙河年均径流量 1.93 亿 m³，可开发量 400 kW；韶口河年均径流量 0.43 亿 m³，可开发量 60 kW；蜀水年均径流量 8.73 亿 m³，可开发量 10 200 kW。截至 2000 年，万安县有水力发电站 59 处，发电机 77 台，装机容量 10 841 kW。

表 2.1   源区河流基本特征

水系名称	河流名称	境内河长/km	境内流域面积/km²	平均宽度/m	平均水深/m	平均流量/(亿 m³/a)	说明
	白鹭水	9.5		10~50		1.68	良口河下游一级支流
	赣江	90	1 812	600	10~15	314.56	
	皂口河	44.6	243	20~40	0.4~1.5	0.08	赣江中游左岸一级支流
	良口河	27.8	168.7	60~80		3.48	
	万安水库	35		1 000	96	297	水面面积 107.5 km²
	遂川江	176	46	80	2~5	25.8	赣江中游左岸一级支流
万安区间河流	土龙河	33.8	185.4	20~30		0.47	赣江中游左岸一级支流
	武术河	27.2	136.8	3~20		1.2	赣江一级支流
	高潭水	21.2	106			0.82	赣江二级支流，土龙河一级支流
	通津河	50.6	408	30~60	0.2~1	3.9	赣江中游右岸一级支流
	蜀水	14	50.6	10~30	0.7~1.5	9.44	赣江中游左岸一级支流
	龙溪河	20	45	15		0.37	
	蕉源水	26.6	122			1.17	赣江二级支流，通津河一级支流
	潭背水	22.8	96.4			0.72	

2）万安水库

万安水库位于赣江流域中上游，是拦截赣江蓄水而成的人工湖，建有江西省最大的水电站。库区北起万安县城芙蓉镇，南至赣州城八镜台。万安水库汇水区域 36 900 km²，占赣江全流域面积 82 809 km² 的 44.56%，水域面积 107.5 km²，总容量为 22.14 亿 m³，平均水深 96 m，设计洪水位 100 m。万安水库是目前江西省已建成土坝库容中第二大的水库，其中兴利库容 9.79 亿 m³，死库容 3.19 亿 m³，调洪库容 10.2 亿 m³。库容系数为 3.4%，径流利用系数为 93.4%，为多年调节水库。共安装 5 台混流式水轮发电机组，总装机达 53.3 万 kW。灌区工程有效灌溉农田 1.35 万 hm²，养殖面积 1.87 万 hm²，年产鲜活鱼 15 万 t。

距万安水电站大坝上游 11 km 的棉津水文站的测试数据显示，大坝使用前赣江多年平均水量为 296 亿 m³，平均流量为 934 m³/s，洪水期（6 月）径流量为 2 580 m³/s，占年径流量的 22.3%，枯水期（1 月）径流量为 325 m³/s，占年径流量的 2.8%。大坝建成后，大坝至赣州天然河道宽 500～1 000 m，河长 90 km，丰枯水位变化幅度为 10～15 m，天然河道蓄水量达 5 亿～8 亿 m³。由于万安库区的调节作用，其大坝下游赣江流量年变化曲线趋缓，洪水期和枯水期的流量趋近平水期流量。

万安湖和流经境内的赣江区间河流共同构成了赣江流域和鄱阳湖的重要生态涵养区，被誉为江西省的重要"水塔"。

2.2.1.4　土壤

万安县境内多为属第四纪（系）地层，下部白垩式地层，主要为黄红土壤，土层厚约 10 m，下面为沙砾层，不超过 20 m，土壤允许承压力为 8～10 kg/cm²。流域成土母质在风化过程中形成的风化物主要有花岗岩类风化物、泥质岩类风化物、石英岩类风化物、硅酸盐类风化物、红砂岩类风化物、紫色砂岩类风化物、第四纪红色黏土和河积物等。这种成土背景下，万安县共有水稻土、潮土、草甸土、紫色土、红壤、黄壤、山地草甸土 7 个土类，11 个亚类，38 个土属和 83 个土种。

2.2.1.5   生物资源

万安县山地面积 79 434 hm²，占总面积的 38.7%；高、中丘陵 61 865 hm²，占 30.2%；低丘岗地 50 548 hm²，占 24.6%；平原 12 798 hm²，占 6.5%。1999 年万安县林地面积 143 574.2 hm²，占土地面积的 70%。现有森林面积 181.2 万亩[①]，活立木蓄积量为 355.4 万 m³，森林覆盖率为 72.25%。

万安县地处中亚热带，地带性植被为中亚热带常绿阔叶林。全县现存已知的高等植物有 2 000 种以上，植被类型有常绿阔叶林、针叶林、针阔叶混交林、竹林、灌木草丛、河漫滩草甸及水生植物群落等。主要树种有马尾松、杉木、湿地松、油茶、毛竹、樟树、枫香、木荷、檫木和槠栲类等。茂密的森林形成的生态系统，为万安县生物多样性保护提供了良好的生态环境，有国家一级重点保护野生植物 2 种，国家二级重点保护野生植物 12 种，江西省重点保护的野生植物 64 种；生物多样性也非常丰富，有记录的陆生脊椎动物有 86 种，其中，两栖动物 14 种、鸟类 36 种、哺乳动物 24 种、爬行动物 12 种，属于国家重点保护的野生动物有 18 种，省级重点保护的野生动物有 38 种。发达的河流水系使得万安县鱼类等水生动物资源十分丰富。

2.2.1.6   矿产资源

万安县境内矿藏类型齐全，矿种多，分布广，规模大，品位高，拥有丰富的矿藏资源，已探明的矿种有铜、铌、钼、铁、钽、煤、石灰石、稀土、瓷土、水晶石等 30 多种，开发前景十分广阔。

铁矿分布在枫林、宝山两乡，工业价值不大；钨是万安县最主要的矿种，点多面广；武术乡有钼矿点一处；罗塘湾有砂金矿点一处；夏造镇和弹前乡分别有稀土矿床（点）一处，储量约 1 500 t，已开采 36 t；萤石矿分布于枫林乡；石灰岩的主要产地为宝山乡；煤的主要产地为宝山、枫林两乡，皆系无烟煤，储量为 800 万 t。

---

① 1 亩≈666.67 m²。

2.2.2　社会经济概况

全县拥有耕地 26 265.44 hm², 山地 79 434 hm², 可养殖水面 100 353 亩, 素有 "五云呈祥, 万民以安" 之美称。全县大力发展特色农业, 盛产粮食、瓜果、蚕桑等经济作物, 畜禽、鱼类品种繁多, 当地特产玻璃红鲤鱼、金丝小红枣远近闻名, 工业已基本形成以盐化工、建材、粮食饲料三大产业为支柱的门类比较齐全的综合性工业体系。全县自然景观和人文景观交相辉映, 辛弃疾、文天祥、杨万里、苏轼、解缙等历代文人墨客留下众多脍炙人口的诗词, 形成了丰富的十八滩旅游文化。

2.2.2.1　行政区划

全县土地总面积 2 051 km², 占江西省土地总面积的 1.22%。辖 9 镇 7 乡 1 个垦殖场, 135 个行政村、19 个社区居委会, 1 853 个村民小组, 总人口 317 058 人 (2015 年)。万安县 2015 年行政区划情况如表 2.2 所示。

表 2.2　万安县行政区划（2015 年）

编号	乡镇场	居委会及行政村个数/个	居委会及村名称
1	芙蓉镇	10	城中居委会、城南居委会、城北居委会、城东居委会、芙蓉村、龙溪村、五丰村、建峰村、光明村、金塘村
2	五丰镇	15	园区社区、新区社区、云洲村、中洲村、东源村、西源村、白沂村、邓林村、西塘村、荷林村、棉津社区、麻溪村、双坑村、路口村、西元村
3	枧头镇	14	枧头居委会、枧头村、石塘村、九斗村、建村、南洲村、珠山村、兰田村、横路村、茅坪村、下潞村、龙头村、龙口村、蕉源村
4	窑头镇	15	窑头居委会、窑头村、夏平村、阳城村、通津村、鲁下村、城江村、坪头村、田南村、横塘村、连源村、剡溪村、潭口村、流芳村、八斗村

编号	乡镇场	居委会及行政村个数/个	居委会及村名称
5	百嘉镇	10	百嘉镇居委会、百嘉村、九贤村、栋背村、塘上村、廓埠村、慕塘村、夏江村、竹园村、黄南村
6	高陂镇	9	高陂居委会、高陂村、下东村、符竹村、泗源村、象湖村、谷中村、彭门村、崇上村
7	潞田镇	11	潞田居委会、潞田村、寨下村、田心村、高坑村、下石村、读堂村、银塘村、邹江村、东村、楼下村
8	沙坪镇	8	沙坪居委会、沙坪村、长桥村、增仚村、南阳村、里加村、梅团村、外龙村
9	夏造镇	7	夏造居委会、夏造村、上造村、流源村、横江村、柏岩村、黄祝村
10	罗塘乡	7	罗塘居委会、罗塘村、村背村、劳港村、晓瑞村、奇富村、嵩阳村
11	弹前乡	6	弹前居委会、旺坑村、上洛村、大岩村、阳坑村、新桥村
12	武术乡	6	龙尾村、大岭村、社田村、稍坑村、新蓼村、大蓼村
13	宝山乡	9	宝山居委会、宝山村、龙上村、水南村、黄塘村、狮岩村、石龙村、安长村、东坪村
14	涧田乡	9	涧田居委会、益富村、上陈村、小溪村、涧田村、里仁村、小东村、麻源村、良富村
15	顺峰乡	5	顺峰居委会、陂头村、石富村、井溪村、高坪村
16	韶口乡	12	韶口居委会、黄鹄村、田西村、中舍村、韶口村、南乾村、大塘村、泥塘村、畔塘村、梅岗村、星火村、石丘村
17	麻源垦殖场	1	农业分场

2.2.2.2　社会经济

2015 年，面对全国经济发展新常态，县委、县政府团结带领全县人民，认真贯彻习近平总书记"一个希望、三个着力"重要要求，围绕"发展升级、小康提速、绿色崛起、实干兴县"的战略目标，主动适应新常态，把握发展机遇，不断创新思路，扩大开放，激发市场活力，着力改善民生，使全县经济平稳运行，各项社会事业全面进步，社会和谐稳定，人民生活质量明显提高。

国民经济持续稳步发展。经初步核算，全县实现生产总值 616 750 万元，按可比价格计算，比上年增长 9.4%。其中，第一产业增加值为 126 066 万元，增长 4.2%；第二产业增加值为 288 230 万元，增长 10.5%；第三产业增加值为 202 454 万元，增长 11.6%。人均 GDP 为 20 112 元，比上年增长 9.7%。"十二五"期间，生产总值接近翻番，由 2010 年的 328 816 万元增长到 2015 年的 616 750 万元，年平均增长 13.4%。

万安县经济以农业为主，林、牧业次之，副、渔业比重小。主要有粮食、油料、茶叶、蚕茧、水果、猪、牛、羊、鱼、禽等农业产品。2015 年全县农作物总播种面积为 59 816 hm²。其中，粮食作物播种面积为 43 983 hm²，粮食总产量为 282 332 t；油料作物种植面积为 11 396 hm²，油料产量为 12 474 t；果树种植面积为 658 hm²，水果产量为 14 389 t；蔬菜种植面积为 3 646 hm²，蔬菜产量为 50 650 t。全县近年加强了生态环境保护和渔政管理，增加投放鱼种，并控制捕捞。开发利用可养水面 100 353 亩，水产品总量为 25 156 t，其中养殖产量为 23 754 t、捕捞产量为 1 402 t，渔业总产值为 41 052 万元。

万安水库流域地跨万安、赣县两县，涉及芙蓉镇、五丰镇、枧头镇、宝山乡、弹前乡、涧田乡、武术乡、沙坪镇、夏造镇、顺峰乡 10 个乡镇。区内面积 1 316.4 km²，总人口 191 593 人，人口密度为 145.54 人/km²。万安水库流域各乡镇面积、人口及农作物面积（2015 年）如表 2.3 所示。

表 2.3　万安水库流域各乡镇面积、人口及农作物面积（2015 年）

流域划分	乡镇名称	行政区面积/km²	所占比例/%	人口总数/人	所占比例/%	农作物面积/hm²	所占比例/%
坝上流域	芙蓉镇	141.5	10.74	55 938	29.20	2 983	12.12
	五丰镇	205	15.57	22 154	11.56	3 862	15.69
	枧头镇	235	17.85	25 098	13.10	6 058	24.61
	宝山乡	104	7.90	13 649	7.12	1 453	5.90
	弹前乡	99	7.52	13 188	6.88	2 370	9.63
	涧田乡	130	9.88	14 536	7.59	1 452	5.90
	武术乡	119.9	9.11	6 504	3.39	737	3.00
	沙坪镇	126	9.57	13 915	7.26	2 054	8.35
	夏造镇	106	8.05	16 138	8.42	2 646	10.75
	顺峰乡	50	3.80	10 473	5.47	998	4.05
合计		1 316.4	100	191 593	100	24 613	100

2.2.2.3　土地利用现状

2015 年全县土地利用情况如图 2.1 所示，耕地面积 26 265.44 hm²，占全县土地总面积的 12.81%；园地面积 26 264.67 hm²，占 12.81%；林地面积 147 001.91 hm²，占 71.67%。县内人均耕地面积与其他地区的比较情况如图 2.2 所示。由图 2.2 可知，尽管近年来耕地数量有所增加，但全省人均耕地面积也从 1996 年的 1.094 亩降到 2009 年的 1.045 亩。县人均耕地面积为 1.24 亩，高于吉安市（1.053 亩）、江西省（1.045 亩），低于全国人均水平（1.4 亩），更远低于世界人均水平（4.8 亩）。

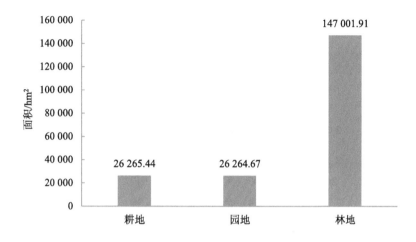

图 2.1　万安县土地利用情况

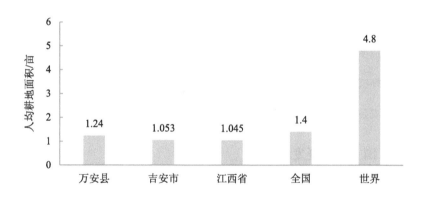

图 2.2　人均耕地面积

2.2.2.4　饮用水供给情况

万安水库是万安县城及部分乡镇唯一的饮用水水源，全县 60%的居民用水来自万安水库流域，流域水环境质量和生态安全直接关系万安县人民的生存环境和生存条件。2015 年，流域饮用水供水情况如表 2.4 所示。

表 2.4   区域饮用水水源地供水情况（2015 年）

编号	名称	供水量/ （t/d）	服务 人口/人	水源地名称	取水口位置	备注
1	弹前乡	1 549.40	13 473	弹前乡集中式饮用水水源地	弹前乡政府 附近	地下水
2	高陂镇集中 农饮工程	2 015.12	15 101	高陂镇集中式饮用水水源地	蜀水河	河流型
3	百嘉镇	2 133.82	19 208	百嘉镇集中农饮工程	赣江旁	地下水
4	芙蓉镇	20 000	60 000	芙蓉镇集中农饮工程	万安湖	湖库型
5	窑头镇	3 200.01	28 874	窑头镇集中农饮工程	窑头九店村	地下水
6	潞田镇	3 855.84	18 802	潞田镇集中农饮工程	潞田水库	湖库型
7	涧田乡	1 174	14 204	涧田乡农村饮水安全工程	半山腰	山泉水
8	罗塘乡	1 300	16 000	罗塘乡农村饮水安全工程	由万安城西 水厂供水	河流型
9	宝山乡	1 974.69	18 802	宝山乡集中农饮工程	大年坑溪水	山泉水
10	韶口乡	2 182.90	21 922	韶口乡自来水工程	赣江	河流型
11	沙坪镇	964.04	12 520	沙坪镇集中农饮工程	沙坪镇金鹅 塘水上游	山泉水
12	万安县	10 000	40 000	城西水厂取水口	赣江	河流型

2.2.2.5　国土资源开发现状

根据 2015 年万安县土地利用现状调查报告，在全县各类土地利用类型中，耕地面积 26 265.44 hm²，占土地总面积的 12.89%；林地面积 147 001.91 hm²，占 72.13%；城镇村及工矿用地面积 7 947.69 hm²，占 3.90%；水域及水利设施用地面积 14 951.65 hm²，占 7.34%。总体上看，万安县森林资源十分丰富，水域面积较大、分布广，受地形地貌因素影响，适宜建设用地面积有限，但全县生态系统服务功能价值巨大。2015 年耕地净增加 43.28 hm²，主要是为达到占补平衡造地的新增耕地。全县现有耕地数量已超过《土地利用总体规划》要求的耕地保有量。

2.3　流域环境功能区划

2.3.1　生态功能区划

　　万安水库上游段位于赣州市城区至万安县良口，攸镇、湖江为库区上游人口聚集区，水库回水正常蓄水情况下对村镇影响可覆盖 9 km。万安县良口至大坝为下游段，回水影响皂口水、良口水、武术水，对村镇影响可覆盖 10 km。库区大部分区域已被划入国家级森林公园和江西省风景名胜区，水源涵养地位非常突出。目前流域森林植被保存总体较好，森林覆盖率达 72% 及以上，单位林地面积活立木蓄积量为 355.4 万 m³，均位居全省前列，且万安县属于我国南方 48 个重点林业县范畴，加之区域降水充沛，对水源涵养功能的形成非常有利。另外，区内深山区森林茂密，生境复杂，还分布着省内不多见且保存良好的大片次生阔叶林，生物多样性保护地位突出。根据江西省生态功能区划，万安水库属于赣中丘陵盆地生态区，吉泰盆地农田与森林生态亚区，吉泰盆地南部水土保持与农业环境保护功能区（代号：II-3-5 区），如表 2.5 所示。

2.3.2　水环境功能区划

　　按照《全国水资源分区》的统一要求，江西省按流域水系分成长江、珠江 2 个一级区、6 个二级区（洞庭湖水系、鄱阳湖水系、宜昌至湖口、湖口以下干流、东江、北江）、15 个三级区（北江大坑口以上、东江秋香江口以上、洞庭湖环库区、湘江衡阳以下、抚河区、赣江栋背以上区、赣江栋背至峡江区、赣江峡江以下区、鄱阳湖环库区、饶河区、信江区、修水区、城陵矶至湖口右岸区、青弋江和水阳江及沿江诸河区）。其中，万安隶属全国水资源三级区中的赣江栋背以上区。

表 2.5　万安水库流域生态功能区的划分

生态功能分区单元			所在区域与面积	主要生态环境问题	生态环境敏感性	生态系统服务功能	保护措施与发展方向
生态区	生态亚区	生态功能区					
Ⅱ 赣中丘陵盆地生态区	Ⅱ-3 吉泰盆地农田与森林生态亚区	Ⅱ-3-5 吉泰盆地南部水土保持与农业环境保护功能区	万安县、赣县，1 316.4 km²	河谷两侧森林质量较差，水土流失突出，农业面源污染比较严重，易受地质灾害威胁	土壤侵蚀高度敏感，酸雨、水环境污染、耕地资源和地质灾害中度敏感，综合敏感性中度	主要功能为水源涵养和水质保护，其他功能还有水土保持、农业环境保护和生物多样性保护，综合服务功能极重要	切实保护好森林植被，重点保护次生常绿阔叶林；综合防治工农业污染，大幅提高农民收入水平；加大河谷两侧山地丘陵区和库区水土保持生态修复力度，严防形成新的水土流失；加强生态功能保护区建设，优先建设重点生态功能保护区

　　根据《江西省地表水（环境）功能区划》，万安县水环境功能区主要为饮用水水源保护区、景观娱乐用水区、工业用水区和渔业用水区四类。涉及的河库包括万安水库、赣江、遂川江、蜀水等。共划分一级水环境功能区 7 个（表 2.6），其中，饮用水水源保护区 1 个，涉及万安水库坝址上游 3 km 处至万安水库坝址，累计长度 3 km；景观娱乐用水区 1 个，主要涉及遂川雩田镇旧县至万安县温家的遂川江河段，累计长度 20.5 km；渔业用水区 3 个河段，主要分布在赣县与万安县交界处与万安水库坝址上游 3 km 处万安水库段、万安县遂川江汇入口至万安县与泰和县交界处的赣江河段以及遂川县与万安县交界处至万安县与泰和县交界处的蜀水，累计河长 94.7 km；工业用水区 2 个，主要分布在万安水库坝址至万安县遂川江汇入口河段与万安县温家至万安县寨头遂川江入赣江处，累计长度 16.5 km。

　　二级（三级）水环境功能区 17 个（表 2.7），主要为农业、景观用水区。

表 2.6　万安县赣江及一级支流地表水环境功能区划一览表

序号	河流湖库	水环境功能区名称	范围（起始位置）	范围（终止位置）	长度/km	水质目标	水质现状	功能排序	控制断面	区划依据	备注
1	万安水库	渔业用水区	赣县与万安县交界处	万安水库坝址上游3 km处	31.7	III	III	渔业	坑口	渔业用水区	省已批
2	万安水库	饮用水水源保护区	万安水库坝址上游3 km处	万安水库坝址	3	II～III	II～III	饮用景观	万安水库	饮用、景观用水区	省已批
		①万安水库饮用水水源一级保护区	自取水点算起，以取水点为圆心，半径500 m范围内的水域		0.5	II	II～III	饮用景观	万安水库	饮用、景观用水区	
		②万安水库饮用水水源二级保护区	一级保护区外径至2 500 m之间的水域		0.25	II～III	II～III	饮用景观	万安水库	饮用、景观用水区	
3	赣江	工业用水区	万安水库坝址	万安县遂川江汇入口	10.0	IV	II～III	工业景观	鄱塘口	工业、景观用水区	省已批
4	赣江	渔业用水区	万安县遂川江汇入口	万安县与泰和县交界处	48.0	III	III	渔业	通津	渔业用水区	
5	遂川江	景观娱乐用水区	遂川县零田镇旧县	万安县温家	20.5	III	II～III	渔业景观	零田	开发利用程度不高	省已批
6	遂川江	工业用水区	万安县温家	万安县寨头遂川江入赣江处	6.5	IV	II～III	工业景观	寨头	工业、景观用水区	省已批
7	蜀水	渔业用水区	遂川县与万安县交界处	万安县与泰和县交界处	15	III	III	渔业景观	泗坑	渔业用水区	

表 2.7　万安县地表水赣江二级（三级）支流环境功能区划一览表

序号	河流湖库	县(市、区)	水环境功能区名称	范围		长度/km	水质目标	水质现状	功能排序	控制断面	区划依据	备注
				起始位置	终止位置							
1	良口河	宝山乡洞田乡	景观用水区	兴国县与万安交界处	万安县洞田乡良口	27.8	Ⅲ	Ⅲ	景观	良口	景观用水区	二级支流
2	白鹭水	顺峰乡	景观用水区	兴国县与万安交界处	万安县洞田乡优田	9.5	Ⅲ	Ⅲ	景观	优田	景观用水区	良口河支流（三级支流）
3	弹前河	弹前乡	农业、景观用水区	万安县弹前乡道人庵	万安县弹前乡潭背	22.8	Ⅲ	Ⅲ	农业、景观	潭背	农业、景观用水区	二级支流
4	武术河	宝山乡武术乡	农业、景观用水区	万安县宝山乡天湖山	万安县武术乡油草坪	27.2	Ⅲ	Ⅲ	农业、景观	油草坪	农业、景观用水区	二级支流
5	石垅坑水	宝山乡武术乡	农业、景观用水区	万安县宝山乡中寮	万安县武术乡石板	22.2	Ⅲ	Ⅲ	农业、景观	石板	农业、景观用水区	武术河支流（三级支流）
6	皂口河	夏造镇沙坪镇	农业、景观用水区	万安县夏造镇丫溪岭	万安县沙坪镇皂口村	44.6	Ⅲ	Ⅲ	农业、景观	皂口村	农业、景观用水区	二级支流

序号	河流湖库	县（市、区）	水环境功能区名称	范围 起始位置	范围 终止位置	长度/km	水质目标	水质现状	功能排序	控制断面	区划依据	备注
7	棉津河	五丰镇	农业、景观用水区	万安县五丰镇马老背	万安县五丰镇棉津上街	14.1	III	III	农业、景观	棉津上街	农业、景观用水区	二级支流
8	土龙河	潞田镇罗塘乡	农业、景观用水区	遂川县蕲前镇大坑尾村	万安县罗塘乡土龙村	33.8	III	III	农业、景观	土龙村	农业、景观用水区	二级支流
9	牛岚坑水	潞田镇	农业、景观用水区	万安县潞田镇牛岚坑	万安县潞田镇渎堂	19.8	III	III	农业、景观	渎堂村	农业、景观用水区	土龙河支流（三级支流）
10	潞田水	潞田镇	农业、景观用水区	万安县潞田镇岭下村南坑	万安县潞田镇灵溪	16.2	III	III	农业、景观	灵溪村	农业、景观用水区	土龙河支流（三级支流）
11	韶口河	韶口乡	农业、景观用水区	万安县韶口乡西韶	万安县韶口乡夏坪	12.4	III	III	农业、景观	夏坪	农业、景观用水区	二级支流
12	蒲埠河	百嘉镇	农业、景观用水区	万安县百嘉镇南台	万安县百嘉镇蒲埠	17.9	III	III	农业、景观	蒲埠	农业、景观用水区	二级支流
13	通津河	枧头镇客头镇	农业、景观用水区	万安县枧头镇天湖山	万安县客头镇城江村	50.6	III	III	农业、景观	城江村	农业、景观用水区	二级支流

序号	河流湖库	县(市、区)	水环境功能区名称	范围		长度/km	水质目标	水质现状	功能排序	控制断面	区划依据	备注
				起始位置	终止位置							
14	蕉源水	枧头镇	农业、景观用水区	万安县枧头镇蕉源凉伞茶	万安县枧头镇南洲村	26.6	Ⅲ	Ⅲ	农业、景观	南洲村	农业、景观用水区	通津河(三级支流)
15	八斗水	窑头镇	农业、景观用水区	泰和县上模乡田西村石下	万安县窑头镇八斗下村	23.6	Ⅲ	Ⅲ	农业、景观	八斗下村	农业、景观用水区	通津河(三级支流)
16	苏溪河	芙蓉镇	农业、景观用水区	芙蓉镇金塘村	芙蓉镇建丰村	12.8	Ⅲ	Ⅲ	农业、景观	建丰村	农业、景观用水区	二级支流
17	龙溪河	芙蓉镇	农业、景观用水区	芙蓉镇月明村	芙蓉镇万安假日酒店	14.2	Ⅲ	Ⅲ	农业、景观	万安假日酒店	农业、景观用水区	二级支流

2.3.3　空间功能分区

按照功能区划分依据，经对自然本底条件、保护利用现状及开发建设增量需求开展单要素和综合集成评价分析，将万安县划分为生态建设区、农业生产区、城镇—工业发展区和禁止开发区四类功能区，各类区域的分布、面积及比重如表 2.8 所示。

表 2.8　万安县空间功能分区方案

功能区	所涉及的镇、乡	面积/km²	比例/%
生态建设区	五丰镇、夏造镇、宝山乡、弹前乡、枧头镇、武术乡、沙坪镇、涧田乡、潞田镇、窑头镇、罗塘乡、芙蓉镇、韶口乡、顺峰乡、高陂镇	1 412.9	68.9
农业生产区	五丰镇、夏造镇、宝山乡、弹前乡、枧头镇、武术乡、沙坪镇、涧田乡、潞田镇、百嘉镇、窑头镇、罗塘乡、芙蓉镇、韶口乡、高陂镇	599.2	29.2
城镇—工业发展区	五丰镇、夏造镇、百嘉镇、窑头镇、罗塘乡、芙蓉镇、韶口乡、高陂镇	38.9	1.9
禁止开发区	依法设立的自然保护区、森林公园、地质公园、风景名胜区		
	合计	2 051	100

注：表中合计面积根据"第二次全国土地调查"数据统计得出。

2.3.4　生态保护红线

根据区域生态功能，生态保护红线包括生物多样性保护红线、水源涵养保护红线、土壤保持保护红线和洪水调蓄生态保护红线 4 个类型。

万安县为省级重点生态功能区，生态保护红线总面积为 654.2 km²，占万安县总面积的 31.9%。涉及的生态保护红线类型为水源涵养、土壤保持。区块分为赣江中游水源涵养生态保护红线区、赣江中游土壤保持生态保护红线区、遂川江流域水源涵养生态保护红线区。

一级管控区面积为 198.8 km²，所占比例为 9.7%。其中，饮用水一级、二级保护区面积为 7.8 km²，区内无自然保护区核心区和缓冲区，国家一级生态公益林面积为 195.3 km²。

二级管控区面积为 455.4 km²（剔除二级管控区类型内部重叠与一级管控区重叠部分后），占土地面积的 22.2%。其中，国家（除一级）及省级生态公益林面积为 246.6 km²，湿地公园面积为 2.2 km²，省级重要湿地面积为 47.6 km²，森林公园面积为 219.6 km²，重要生态功能区（生态屏障区）面积为 122.4 km²。

2.4 主要生态服务功能

2.4.1 水资源提供功能

万安县河流众多，拥有丰富的地表水资源，且雨量充沛，平均年降水 1 340～1 700 mm，平均年径流总量 16.43 亿 m³，人均年占有水资源量为 5 182 m³；吉安市年降水 1 553.8 mm，多年平均年降水总量为 224.20 亿 m³，水资源总量为 281.39 亿 m³，人均占有水资源量为 5 744 m³；江西省多年平均年降水量约 1 638 mm，多年平均年径流总量为 1 545 亿 m³，多年平均水资源总量为 1 565 亿 m³，位列全国第七，人均占有水资源量为 3 593 m³，全国人均占有水资源量为 2 200 m³。相较而言，万安县水资源比较丰富。

2.4.2 水质净化与水源水质保护功能

水质净化与水源水质保障是流域的重要生态功能之一，加强流域内的生态环境保护，控制污染物入河，对保障水质和流域生态环境质量具有重要意义。

根据北京市林业局研究结果，有林地比无林地（荒地）减少土壤流失量平均为 335.57 t/（km²·a），林地土壤容重平均为 1.10 g/cm³（1.10 t/m³），则每 1 km 森林减少的土壤流失量相当于减少土壤废弃面积 0.101 7 hm²。流域内有林地面积 147 001.91 hm²，则森林减少土地损失面积 14 950.09 hm²/a。

2.4.3　水产品供给

万安县生态环境优良，森林覆盖率达 70%以上，水质优良，达到有机水产品生产标准。万安县水资源丰富，水面面积达 30.6 万亩，开发水面 16.8 万亩，其中万安水电站形成库区面积 13.5 万亩。"赣泉"牌长吻鲍、鳙鱼、万安玻璃红鲤鱼通过绿色食品 AA 级认证和有机认证，13.5 万亩的万安水库被认定为有机水产品生产基地。建有省级万安玻璃红鲤良种场、万亩商品鱼生产基地、100 多座中小型水库生态养鱼基地和 5 000 个网箱养殖基地。区域水产经济动物种类多，2015 年全县的水产品总量为 25 156 t，常规品种有草鱼、鲢鱼、鳙鱼、鲫鱼等，特色品种有万安玻璃红鲤鱼、长吻鲍、黄颡鱼、鳜鱼、蛇鮈等。

2.4.4　生境支持与生物多样性维持

流域地形地貌条件复杂，雨热充足，有较为复杂的气候条件以及许多独特的小气候环境和丰富的生物资源。

截至 2015 年年底，流域内已建立月明自然保护区，总面积 2 000 hm²。此举能够有效保护流域内 80%以上的陆地自然生态系统类型、20%的天然林、85%的野生动物种群、65%的高等植物群落以及绝大多数自然遗产，为保护自然资源和生物多样性，维护国土生态安全发挥了极其重要的作用。另外，自然保护区是开展生物多样性和自然遗产地保护最为有效的途径，并具有涵养水源、保持水土、防风固沙、减少旱涝灾害、调节气候、维持生态系统稳定和演化等重要功能，在维护和优化生态环境中发挥着不可替代的作用。

2.4.5　休闲娱乐与生态文化资源

流域内自然保护区、国家森林公园以及湿地公园的存在成为城市发展最富竞争力的条件之一。加强生态建设和环境保护，坚持在发展中促进增长方式转变，正确处理城市与农村、经济与社会、人与自然的发展关系，大力发展节约型经济、可循环经济，不断提高资源利用效率，建设绿色生态万安，实现以人与自然的和谐发展和经济社会的可持续发展为导向的生态型发展战略思路，已成为促进产业结构调整、打造生态城市品牌、改善招商引资环境的重要抓手。流域优质生态环境提供的生态文化资源的巨大功能，不仅能迎合城市发展对生态的需要，也在无形中有力推进区域社会经济的快速健康发展。

2.4.6　湖滨带净化与水源涵养

流域主要以人工林和常绿阔叶林为主，湖滨沿岸的山体地貌特征为各类林地的发育提供了基础。丰茂的湖滨带森林植被不仅能净化雨水、拦截污染物，而且可以通过湖滨带森林的水源涵养能力有效减少暴雨期地表水流入水体，增加枯水期森林涵养水源向湖体的释放，保持水量相对稳定，因而该流域还具有水源涵养的功能。

整体来看，流域具备如上所述的六大生态服务功能。

第3章

问题诊断分析

3.1　流域水环境质量状况

3.1.1　饮用水水源地水质状况分析

3.1.1.1　水源地水质状况分析

万安县集中式饮用水水源地主要为万安县自来水厂取水口，水源地取水口水质由万安县疾病预防控制中心每半年抽验一次，检验项目共 27 项，包括砷、镉、铬（六价）、铅、汞、硒、氰化物、氟化物、硝酸盐氮、色度、浑浊度、臭和味、肉眼可见物、pH、铝、铁、锰、铜、锌、氯化物、硫酸盐、溶解性总固体、总硬度（以碳酸钙计）、耗氧量、氨氮、挥发酚类（以苯酚计）、阴离子合成洗涤剂。水源地水质由吉安市环境保护监测站每季度监测一次，监测项目为 26 项，包括水温、流量、电导率、pH、溶解氧、高锰酸盐指数、化学需氧量（COD$_{Cr}$）、生化需氧量（BOD$_5$）、氨氮、总磷（TP）（以 P 计）、总氮（TN）、铜、锌、氟化物（以 F⁻计）、硒（四价）、砷、汞、镉、铬（六价）、铅、氰化物、挥发酚、石油类（石油醚萃取）、阴离子活性剂、硫化物、粪大肠菌群。

分析 2011—2016 年水质监测数据可知，除部分月份总氮、总磷和大肠杆菌群外，水源地水质指标监测结果均能达到《地表水环境质量标准》（GB 3838—2002）表 1 中 II 类水质标准基本项目标准限值、表 2 中集中式生活饮用水地表水水源地补充项目标准限值和表 3 中集中式生活饮用水地表水水源地特定项目标准限值的要求。总氮一直维持在 IV 类水质标准水平，甚至在 2014 年检测中达到 V 类水质标准；总磷一直维持在 IV 类水质标准，仅在 2016 年上半年达到了 III 类水质标准。以上两项指标是影响水源地水质状况的限制因子，因此，万安县在后续保护中必须严格控制总氮、总磷的流入，积极采取削减总氮、总磷的措施，加强环境监管力度，保障流域内良好水质。

3.1.1.2　水源地水质变化趋势分析

以 2011—2016 年监测结果为基础，选取 pH、溶解氧、高锰酸盐指数、化学需氧量、生化需氧量、氨氮、总磷和总氮共 8 项指标对饮用水水源地水质变化情况进行分析，结果如图 3.1 所示。

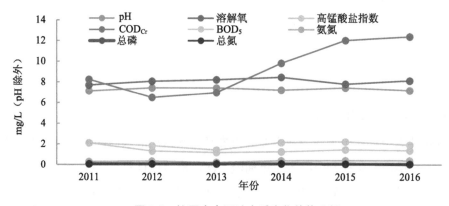

图 3.1   饮用水水源地水质变化趋势分析

由图 3.1 可知，除化学需氧量变化波动相对明显外，其余 6 项指标各次监测结果变化不大，这说明万安县饮用水水源地水质总体较稳定。

3.1.2   河流水质状况分析

3.1.2.1   河流水质状况分析

万安县河流监测断面包括潭坑口、通津、遂川江江口和万安水库，监测频次为每两个月一次，由吉安市生态环境监测站进行监测，监测指标共 26 项，包括水温、pH、流量、溶解氧、高锰酸盐指数、化学需氧量、生化需氧量、氨氮、总磷、总氮、铜、锌、氟化物、石油类、硒、砷、汞、镉、六价铬、铅、氰化物、挥发酚、阴离子表面活性剂、硫化物、粪大肠菌群和电导率。

由 2012—2016 年水质监测数据可知，除总氮达到过Ⅳ类水质标准外（2013 年、2014 年遂川江江口监测断面总氮达到Ⅲ类水质标准，2013 年通津监测断面总氮达到Ⅲ类水质标准），各监测断面河流水体 25 项指标均能达到《地表水环境质量标准》（GB 3838—2002）表 1 中Ⅲ类水质标准要求。

3.1.2.2   主要污染物变化趋势分析

选取化学需氧量、氨氮、总磷、总氮 4 项指标为主要污染物，对万安县地表水体污染物含量变化趋势进行统计和分析。各监测断面主要污染物年均值变化趋势如图 3.2 所示。

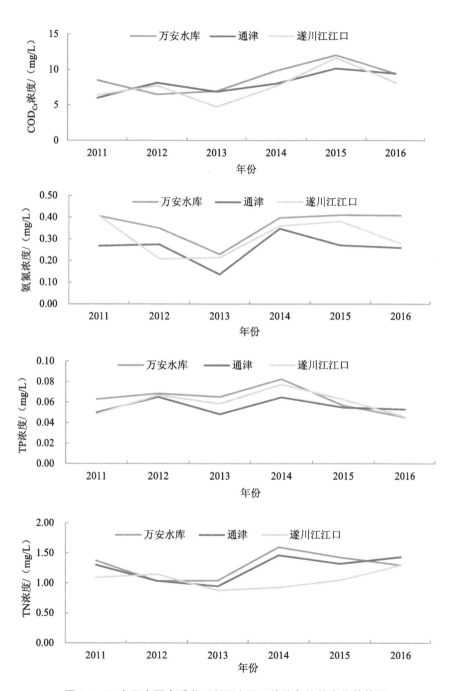

图 3.2　万安县主要水质监测断面主要污染物年均值变化趋势图

由上文所述可知，万安县各监测断面化学需氧量、氨氮和总磷 3 项指标 2011—2015 年年均值均符合地表水Ⅲ类水质标准要求；但总氮指标 2011—2015 年年均值仅达到Ⅳ类水质标准要求，2014 年万安水库断面总氮指标达到Ⅴ类水质标准；水体中化学需氧量年均值呈波动状态上升趋势，氨氮含量呈稳定态势，总磷呈下降态势，总氮呈上升趋势，但各指标平均值年度变化均不大。

3.1.3　流域水生态系统状况分析

3.1.3.1　浮游植物

2009—2010 年和 2012—2013 年江西省环境保护科学研究院联合中国科学院水生生物研究所、华中农业大学等科研单位于丰水期、枯水期和平水期 3 个水情期对万安县内的浮游植物类群进行了详细的调查。

1）浮游植物种类组成与丰度

2009—2010 年调查结果显示万安水库流域共鉴定出浮游植物 57 属 119 种，共 8 门类，其中蓝藻门（*Cyanophyta*）13 属 18 种，硅藻门（*Bacillariophyta*）18 属 48 种，绿藻门（*Chlorophyta*）16 属 36 种，裸藻门（*Euglenophyta*）1 属 3 种，黄藻门（*Xanthophyta*）2 属 4 种，甲藻门（*Pyrrophyta*）3 属 3 种，金藻门（*Chrysophyta*）1 属 2 种，隐藻门（*Cryptophyta*）2 属 4 种。主要优势种有小环藻（*Cyclotella* sp.）、小球藻（*Chlorella* sp.）、色球藻（*Chroococcus*）、针杆藻（*Synedra* sp.）、卵形隐藻（*Cryptomonas ovata*）、裸藻（*Euglena* sp.）、纤维藻（*Ankistrodesmus*）、四尾栅藻（*Scenedesmus quadricauda*）、舟形藻（*Navicula* spp.）、多甲藻（*Peridinium* sp.）等。流域浮游植物平均数量为 183.88 万个/L，平均生物量为 58.72 mg/L。

2012—2013 年的丰水期、枯水期和平水期 3 个水情期对流域的浮游植物群落结构进行研究，共鉴定出绿藻门（*Chlorophyta*）、硅藻门（*Bacillariophyta*）、蓝藻门（*Cyanophyta*）、裸藻门（*Euglenophyta*）、黄藻门（*Xanthophyta*）、金藻门（*Chrysophyta*）、甲藻门（*Pyrrophyta*）和隐藻门（*Cryptophyta*）8 个门类，共计 58 属 120 种，其中以小环藻（*Cyclotella* sp.）、小球藻（*Chlorella* sp.）、色球藻

（*Chroococcus*）、卵形隐藻（*Cryptomonas ovata*）、裸藻（*Euglena* sp.）、纤维藻（*Ankistrodesmus*）、四尾栅藻（*Scenedesmus quadricauda*）、舟形藻（*Navicula* spp.）等为主，与 2009—2010 年相比变化不明显。另外，三期水情期调查中均未发现蓝藻门藻类优势种，说明万安水库流域水质富营养化问题未成为严重问题。

2）浮游植物多样性变化

多样性指数是反映物种丰富度和均匀度的综合指标。一般而言，种类越多或各物种的个体数量分布越均匀，群落物种的 Shannon-Wiener 多样性指数（H）越大。在调查期间，浮游植物 Shannon-Wiener 多样性指数（H）、Pielou 均匀度指数（J）和 Margalef 丰富度指数（D）情况如表 3.2 所示。由表 3.2 可以看出，流域"十三五"期间所有采样点的浮游植物 Shannon-Wiener 多样性指数差异较大，丰水期和枯水期多样性指数都较小，平水期最大。根据表 3.1 生物多样性指数评价标准，万安水库这流域平水期为轻污染甚至无污染状况，枯水期和丰水期污染较为严重，总体上看。

表 3.1 生物多样性指数评价标准

多样性指数	重污染	中污染	轻污染	无污染
Shannon-Wiener 多样性指数	0~1	1.1~2	2.1~3	>3
Pielou 均匀度指数	0~0.3	0.3~0.5	0.5~0.8	>0.8
Margalef 丰富度指数	0~0.5	0.5~1	1~3	>3

表 3.2 流域"十二五"期间各采样点浮游植物生物多样性

编号	采样点名称	水情期	Shannon-Wiener 多样性指数	Pielou 均匀度指数	Margalef 丰富度指数
15	潭坑口	丰水期	1.44	0.66	0.63
16	万安水库	丰水期	2.44	0.92	0.92
20	通津	丰水期	1.64	0.84	0.44
19	万安遂川江江口	丰水期	2.10	0.91	0.68

编号	采样点名称	水情期	Shannon-Wiener 多样性指数	Pielou 均匀度指数	Margalef 丰富度指数
15	潭坑口	枯水期	1.36	0.62	0.58
16	万安水库	枯水期	0.27	0.39	0.15
20	通津	枯水期	1.67	0.93	0.79
19	万安遂川江江口	枯水期	1.91	0.98	0.96
15	潭坑口	平水期	2.20	0.86	0.97
16	万安水库	平水期	3.10	0.90	3.11
20	通津	平水期	3.04	0.90	3.09
19	万安遂川江江口	平水期	3.54	0.93	4.72

3.1.3.2　着生藻类

着生藻类是指附着在水体基质上生活的一些微型附着藻类。着生藻类受水流的影响较小，在流速较大的流域，它们能比浮游植物更准确地反映水质状况，是理想的水环境监测生物指标。在 2012—2013 年的 3 个水情期调查过程中，万安水库流域共采集到着生藻类 3 门 45 属 204 种（包括变种），其中丰水期 53 种、平水期 66 种、枯水期 156 种。按着生藻类类别来分，硅藻门 21 属 176 种，占 86.27%；蓝藻门 11 属 14 种，占 6.86%；绿藻门 12 属 14 种，占 6.86%。着生藻类的优势类群（按出现概率）为硅藻门，其中主要包括放射舟形藻（*Navicula radiosa*）、具星小环藻（*Cyclotella stelligera*）和爆裂针杆藻（*Synedra rumpens*），其次为蓝藻门的席藻（*Phormidium* sp.）。

着生藻类的物种多样性评价主要是以藻类细胞密度和种群结构的变化为依据评价水体的污染程度。采用多样性指数中的 Margalef 丰富度指数（*D*）、Shannon-Wiener 多样性指数（*H*）和 Pielou 均匀度指数（*J*）对流域进行表征，评价结果如表 3.3 所示。根据表 3.1 生物多样性指数评价标准，可知平水期和枯水期的水质评价结果为无污染，优于丰水期的轻污染。

表3.3　流域"十二五"期间着生藻类生物多样性指数

编号	采样点名称	水情期	Shannon-Wiener 多样性指数	Pielou 均匀度指数	Margalef 丰富度指数
123	万安县窑头镇通津村	丰水期	2.54	1.35	0.896
151	万安县沙坪镇	丰水期	2.38	1.47	0.82
163	万安县夏造镇桥下	丰水期	2.30	1.45	0.795
121	万安县高陂镇彭门村	平水期	3.47	2.43	1.0006
122	万安县韶口乡	平水期	3.53	2.59	1.0013
135	万安县五丰镇嵩阳大桥	枯水期	4.38	5.77	0.989
136	坝上、坝下	枯水期	4.22	4.998	0.986

3.1.3.3　浮游动物

根据2009—2010年的调查结果,共记录万安水库流域采集到的浮游动物36种,分属原生动物,轮虫、枝角类、桡足类,主要优势种是砂壳虫、简壳虫、焰毛虫、太阳虫、聚花轮虫、鳄花臂尾轮虫、角突臂尾轮虫、秀体蚤、盘肠燥蚤、裸腹蚤,广布种为剑水蚤、猛水蚤、藻皮蚤。不同水情期万安水库流域的浮游动物种类数量和平均丰度均存在一定差异,丰水期和平水期高于枯水期;另外,多样性指数表明,不同河道浮游动物物种丰富度差异较大,丰水期和平水期高于枯水期,与种类、丰度比较结果相一致。

3.1.3.4　鱼类

2009—2010年调查万安水库流域,共记录鱼类5目11科55种,占江西鱼类种类的30%左右。鲤科鱼类最多,达36种,占总数的65.5%。其次为鲇科(14.29%),鲌科、鳅科等各占7.14%。鲤科鱼类中,又以鲫、鲤、餐条数量占优。采集到的鱼类中,不少是中国江河平原区特产鱼类,如鲤、草、鲢、鳙等。

调查研究发现,万安水库流域的鱼类主要由杂食性鱼类和软体动物食性鱼类组成,其物种数量分别占总物种数量的62.37%和21.46%。这表明万安水库流域处于初级消费者地位的鱼类物种数量相对较少，物种多样性低，而处于次级消费者地位的鱼类、杂食性和底栖食性鱼类物种数量大，物种多样性更为丰富。

从采集到的鱼类物种对水体中富营养物质和其他污染物的耐污性来看，敏感种占 16%，耐污种占 8%，先锋种密度为为 6%。结果表明，流域河流生态系统中鱼类物种以敏感种占主要优势，其次为耐污和中等耐污鱼类物种，无极度敏感和极度耐污鱼类物种。这同时反映出流域河流总体水质为中等级别，不存在重污染水体。该结果与实际水质监测数据较为吻合。

2015 年 5 月，调查发现万安湖鱼类总共有 4 目 14 科 48 种，以鲤形目为主，鲤形为 34 种。

3.1.3.5 大型底栖生物

2012—2013 年江西省环境保护科学研究院联合中国科学院水生生物研究所、华中农业大学等科研单位于丰水期、枯水期和平水期 3 个水情期对万安水库流域的底栖动物类群进行了详细的调查。

1）底栖动物种类组成

2012—2013 年对流域开展 6 次大型底栖生物的调查结果表明，底栖动物有三大类，共 25 种，水生昆虫和软体动物占绝大多数，其余为环节动物、甲壳动物。水生昆虫中蜻蜓目、襀翅目、摇蚊幼虫、寡毛类介形虫、端足类、等足类最常见。软体动物主要有螺类、淡水壳类、河蚬、无齿蚌、丽蚌等。甲壳动物主要是日本沼虾。两栖类共 2 目 6 科 20 种，主要有蝾螈、棘胸蛙等。

2）底栖动物多样性变化

在调查期间，底栖动物 Shannon-Wiener 多样性指数（H）、Margalef 丰富度指数（M）和 BI 指数情况如表 3.4 所示。由表 3.4 可以看出，2012—2013 年所调查的流域所有采样点的底栖动物 Shannon-Wiener 多样性指数差异较大，丰水期和平水期多样性指数都较小，枯水期较大。

表 3.4 流域大型底栖生物多样性指数

编号	采样点名称	水情期	Shannon-Wiener 多样性指数	Pielou 均匀度指数	Margalef 丰富度指数	BI 指数	B-IBI 指数
1	万安水库	丰水期	0.68	0.97	0.29	6.33	0.498
2	通津	丰水期	1.07	0.97	0.58	4.78	0.769
3	万安遂川江江口	丰水期	1.01	0.92	0.63	4.90	0.748
4	潭坑口	枯水期	0.81	0.74	0.40	8.74	0.077
1	万安水库	枯水期	0.66	0.95	0.48	3.18	1.049
2	通津	枯水期	1.49	0.77	1.91	4.80	0.766
3	万安遂川江江口	枯水期	0.56	0.81	0.72	7.83	0.236
4	潭坑口	平水期	1.00	0.91	0.35	9.18	0
1	万安水库	平水期	0.88	0.42	1.01	3.37	1.016
2	通津	平水期	0.29	0.41	0.23	4.53	0.813
3	万安遂川江江口	平水期	0.50	0.72	0.62	7.70	0.259

大型底栖动物是水生态系统中最重要的定居动物代表类群之一，它影响着水生态系统中营养物质的分解与循环，是河流水质状况监测的重要指标，对环境变化反应敏感，当水体受到污染时，该生物类群的群落结构将发生明显变化。BI 指数反映了种类个体数量比例和生物的耐污能力。

按评价标准对流域内 3 个不同水情期的水体健康状况进行初步评价，结果表明，在存在有效数据的 4 个采样点中，2 个为较差，2 个为极差。总体来说，该流域河流处于极差和较差状态，具体评价标准见表 3.5。

表 3.5 流域 B-IBI 健康评价标准

健康	亚健康	一般	较差	极差
>2.69	2.02~2.69	1.35~2.02	0.67~1.35	0~0.67

3.1.3.6　水生湿生植物

　　水生植物作为河流生态系统重要功能群，具有净化水质、提供生境等多重生态功能，还是初级生产者，水生植物尤其是真性水生植物的多少往往与水环境清洁程度存在正相关性。2012—2013 年对万安水库流域（蜀江、赣江主流和通津河下游——赣江河段）的水生湿生植物的调查结果表明，蜀江的优势水生湿生植物为水蓼、酸模、车前、益母草、葛、地耳草、葎草、喜旱莲子草、水芋、荻；赣江主流的优势水生湿生植物为喜旱莲子草、葎草、酸模、蒿草、禾本科、紫苏、水蓼、凤眼莲、轮叶黑藻；通津河下游——赣江河段的优势水生湿生植物为双穗雀稗、水蓼、李氏禾、狼把草、丛枝蓼、蔍草、毛轴莎草、牛毛毡、野慈姑、水龙、凤眼莲、飘拂草。其中，流域真性水生植物优势种为喜旱莲子草、凤眼莲、轮叶黑藻。水生植物类群主要分布在一级、二级支流和交汇的缓水区，且以沉水植物轮叶黑藻占优势。

表 3.6　通津入江口断面的水生植物群落结构（2009—2010 年数据）

枯水期				平水期			
样方	种名	数量	盖度/%	生物量/g	样方	种名	数量	盖度/%	生物量/g
1	金鱼藻	1	15	184.3	1	水葫芦	11	35	631.5
2	水龙	4	70	246.1	2	大茨藻	48	20	47.2
2	酸模	16	1	43.6	2	水田碎米荠	536	95	1 076.48
2	碎米荠	2	5	3.0	2	空心莲子草	12	5	28.08
2	蘁菜	2	1	3.8	2	水蓼	46	5	11.56
2	水田碎米荠	19	2	48.7	2	马兰	32	5	7.68
2	蓼子草	3	1	9.4	3	大茨藻	62	20	463.3
3	大茨藻	48	15	411.2	3	苦草	35	5	156.4
3	苦草	32	10	141.6	3	蓼子草	28	2	32.8

枯水期					平水期				
样方	种名	数量	盖度/%	生物量/g	样方	种名	数量	盖度/%	生物量/g
3	蓼子草	32	1.50	25.4	3	金鱼藻	108	75	1 762.5
3	金鱼藻	96	75	2 091.2	4	轮叶黑藻	55	1	32.5
4	空心莲子草	16	0.50	4.0	4	大茨藻	126	70	1 248.1
4	轮叶黑藻	48	5	45.1	4	苦草	196	15	533.1
4	大茨藻	80	80	1 631.4	4	金鱼藻	286	15	472.3
4	苦草	144	10	575.5	5	金鱼藻	136	85	185.7
4	金鱼藻	160	10	485.3	5	大茨藻	24	15	124.5
5	大茨藻	16	10	146.2	5	苦草	12	1	11.3
5	苦草	8	2	14.0					
5	金鱼藻	128	80	2 071.6					

3.2　流域水污染物排放状况

3.2.1　流域水污染物排放现状

3.2.1.1　点污染源情况

　　万安县点源污染主要包括城镇工业废水、城镇生活污水以及规模化养殖废水等。

　　1）城镇工业废水

　　依据万安县环境统计数据，2015 年流域内工业废水处理量为 375.80 万 t，工业废水排放量为 882.65 万 t，化学需氧量、氨氮、总磷、总氮污染物排放量分别为 3 372.61 t/a、379.22 t/a、78.28 t/a、614.28 t/a。2015 年万安县工业废水及主要污染负荷排放量见表 3.7。

表 3.7   2015 年万安县工业废水及主要污染负荷排放量

项目	产生量	排放量
废水/万 t	—	178.42
COD_{Cr}/t	1 014	170.80
氨氮/t	26	10.84
TP/t	—	—
TN/t	—	—

2）城镇生活污水

按照《第一次全国污染源普查城镇生活源产排污系数手册》，万安县所在地属于三区三类城市，城镇人均生活污水产生 160 L/（人·d）计；化学需氧量、氨氮、总氮、总磷产生系数分别以 67 g/（人·d）、7.6 g/（人·d）、10.9 g/（人·d）、0.78 g/（人·d）计。2015 年流域建成区常住人口为 121 939 人，计算得到 2015 年流域内城镇污水产生量为 712.12 万 t/a；排放系数取 0.85，排放量为 605.31 万 t/a。化学需氧量、氨氮、总氮、总磷产生量分别为 2 982.02 t/a、338.26 t/a、485.13 t/a、34.72 t/a；扣除现有的设施减排的污水量 182.5 万 t/a、化学需氧量 182.32 t/a、氨氮 19.53 t/a、总氮 27.67 t/a、总磷 2.75 t/a，则化学需氧量、氨氮、总氮、总磷排放量分别为 2 799.70 t/a、318.73 t/a、457.46 t/a、31.97 t/a。

表 3.8   2015 年万安县城镇生活污水排放情况及主要污染负荷排放量

项目	产生量	排放量
城镇人口/人	121 939	
城镇污水处理厂生活污水处理量/（万 t/a）	182.50	
城镇生活污水产生总量/（万 t/a）	712.12	
城镇生活污水排放总量/（万 t/a）	605.31	
COD_{Cr}/（t/a）	2 982.02	2 799.70
氨氮/（t/a）	338.26	318.73
TN/（t/a）	485.13	457.46
TP/（t/a）	34.72	31.97

3）规模化养殖

2015 年万安县规模化养殖畜禽数量统计见表 3.9，选取排泄物较多的猪、牛、羊、鸡、鸭和兔等畜禽，参照《鄱阳湖水环境》，每头生猪化学需氧量、总氮、总磷、氨氮产生系数取 36 kg/（头·a）、3.4 kg/（头·a）、0.05 kg/（头·a）、1.8 kg/（头·a），同时利用以下关系：7 头猪=1 头牛，3 只羊=1 头猪，20 只兔=1 头猪，40 只家禽=1 头猪进行换算，最终计算出流域内规模化养殖化学需氧量、总氮、总磷、氨氮产生量及排放量情况，具体见表 3.10。

表 3.9　2015 年万安县规模化养殖畜禽数量统计

畜禽种类	猪/万头	牛/头	羊/只	鸡/万羽	鸭/羽	兔/只
万安县	23.11	3 800	0	62	0	0

参照《鄱阳湖水环境》和邱锦荣等《南方河网地区畜禽养殖废物处理处置现状分析》研究结果，常见的厌氧发酵池、沼气池畜禽养殖废弃物处理工艺，化学需氧量、总氮、总磷和氨氮去除率分别取 70%、30%、30% 和 40%。2015 年万安县内养殖化学需氧量、氨氮、总氮、总磷产生量分别为 9 834.66 t/a、491.73 t/a、928.83 t/a、13.66 t/a；化学需氧量、氨氮、总氮、总磷排放量分别为 2 950.40 t/a、295.04 t/a、650.18 t/a、9.56 t/a（表 3.10）。

表 3.10　2015 年万安县规模化养殖化学需氧量、总氮、总磷、氨氮产生量及排放量

单位：t/a

项目	产生量	排放量
COD_{Cr}	9 834.66	2 950.40
氨氮	491.73	295.04
TN	928.83	650.18
TP	13.66	9.56

4）点污染源主要污染负荷

万安县点污染源主要污染负荷化学需氧量、氨氮、总氮和总磷的排放量分别为 5 920.90 t/a、624.61 t/a、1 107.65 t/a 和 45.63 t/a（表 3.11）。

表 3.11　2015 年万安县不同类型点污染源主要污染负荷入湖量　　　　单位：t/a

项目	城镇工业废水	城镇生活污水	规模化养殖	点源污染负荷
COD$_{Cr}$	170.80	2 799.70	2 950.40	5 920.90
氨氮	10.84	318.73	295.04	624.61
TN	—	457.47	650.18	1 107.65
TP	—	31.97	9.59	45.63

3.2.1.2　面污染源情况

根据流域自身情况，面源污染主要包括农村生活污水、分散养殖污染、农业种植业污染三类面源污染负荷。

1）农村生活污水

采用王圣瑞等（2014）的研究数据，鄱阳湖流域农村生活污水排放相关系数分别取为化学需氧量 40 g/（人·d）、氨氮 5 g/（人·d）、总氮 7 g/（人·d）、总磷 0.44 g/（人·d），农村生活用水量以 140 L/（人·d）计，计算得到 2015 年流域内农村生活污水产生量为 997.06 万 t/a，排放系数取 0.85，则生活污水排放量为 847.50 万 t/a；化学需氧量、氨氮、总氮、总磷排放量分别为 2 848.74 t/a、356.09 t/a、498.53 t/a、37.42 t/a（表 3.12）。

表 3.12　2015 年万安县农村生活污水及主要污染负荷排放量

项目	排放量
农村人口/人	195 119
农村生活污水产生量/（万 t/a）	997.06
农村生活污水排放量/（万 t/a）	847.50

项目	排放量
COD/（t/a）	2 848.74
氨氮/（t/a）	356.09
TN/（t/a）	498.53
TP/（t/a）	37.42

2）分散养殖污染

分散养殖是指生产单位（企业、养殖场或农户）饲养猪年存栏数 200 头以下，奶牛年存栏数 40 头以下，肉牛年存栏数 80 头以下，鸡、鸭、鹅年存栏数 1 000 只以下的养殖方式。依据万安县环境统计数据，2015 年万安县分散养殖化学需氧量、氨氮、总氮、总磷排放量分别为 8 786.25 t/a、1 936.23 t/a、28.47 t/a、878.62 t/a。

3）农田种植业污染

农田种植业污染主要由农药、化肥流失引发。农田种植业分布万安县 17 个乡镇场，分为水田种植、旱地种植、园地种植，种植粮食作物、经济作物和果蔬作物。年化肥总用量（折纯）1 008.23 t，其中氮 55.25 t，P_2O_5 23.18 t，氧化钾 24.24 t。年农药总用量（折纯）63.77 kg，其中毒死蜱 17.95 kg，丁草胺 21.4 kg，乙草胺 9.97 kg，涕灭威 0.09 kg，氟虫腈 3.2 kg，克百威 3.33 kg，吡虫啉 7.83 kg。地表径流、地下淋溶和挥发的氮肥折纯氮后约为 26.52 t，由于磷肥极容易被土壤固定，地表径流和地下淋溶极少。秸秆产量为 761.67 t，田间焚烧量为 113.61 t，秸秆随意丢弃量为 8.749 t，还田量为 321.56 t，秸秆堆肥量为 50.35 t，其他去向为 2.016 t。地膜用量 1.88 kg，地膜残留量 0 kg。

据统计，我国南方农田的农药化肥流失率达甚至超过 50%，2015 年万安水库流域入湖总氮和总磷分别为 8 523.88 t/a 和 4 575.92 t/a（表 3.13）。

表 3.13　2015 年万安县农业主要污染负荷及其入湖量

单位：t/a

行政单元	种植面积/hm²	农药有机磷	农药杀菌剂	农药菊酯类	农药除草剂	农药酰胺类	氮肥	磷肥	钾肥	N入湖量	P入湖量
万安县	42 599	127.80	127.80	12.78	115.02	38.34	12 140.72	6 389.85	9 584.78	1 012.54	143.95
芙蓉镇	2 067	6.20	6.20	0.62	5.58	1.86	589.10	310.05	465.08	49.13	6.98
五丰镇	3 040	9.12	9.12	0.91	8.21	2.74	866.40	456.00	684.00	72.26	10.27
枧头镇	4 082	12.25	12.25	1.22	11.02	3.67	1 163.37	612.30	918.45	97.03	13.79
窑头镇	6 731	20.19	20.19	2.02	18.17	6.06	1 918.34	1 009.65	1 514.48	159.99	22.75
百嘉镇	3 970	11.91	11.91	1.19	10.72	3.57	1 131.45	595.50	893.25	94.36	13.42
韶口乡	2 191	6.57	6.57	0.66	5.92	1.97	624.44	328.65	492.98	52.08	7.40
高陂镇	3 838	11.51	11.51	1.15	10.36	3.45	1 093.83	575.70	863.55	91.23	12.97
潞田镇	1 859	5.58	5.58	0.56	5.02	1.67	529.82	278.85	418.28	44.19	6.28
罗塘乡	2 062	6.19	6.19	0.62	5.57	1.86	587.67	309.30	463.95	49.01	6.97
沙坪镇	2 480	7.44	7.44	0.74	6.70	2.23	706.80	372.00	558.00	58.95	8.38
弹前乡	1 902	5.71	5.71	0.57	5.14	1.71	542.07	285.30	427.95	45.21	6.43
夏造镇	634	1.90	1.90	0.19	1.71	0.57	180.69	95.10	142.65	15.07	2.14

行政单元	种植面积/hm²	农药有机磷	农药杀菌剂	农药菊酯类	农药除草剂	农药酰胺类	氮肥	磷肥	钾肥	N 入湖量	P 入湖量
武木乡	1 046	3.14	3.14	0.31	2.82	0.94	298.11	156.90	235.35	24.86	3.53
宝山乡	1 050	3.15	3.15	0.32	2.84	0.95	299.25	157.50	236.25	24.96	3.55
涧田乡	810	2.43	2.43	0.24	2.19	0.73	230.85	121.50	182.25	19.25	2.74
顺峰乡	4 557	13.67	13.67	1.37	12.30	4.10	1 298.75	683.55	1 025.33	108.32	15.40
麻源垦殖场	280	0.84	0.84	0.08	0.76	0.25	79.80	42.00	63.00	6.66	0.95

4）水产养殖污染

水产养殖业分布万安县 15 个乡镇场，其中淡水养殖场 4 个，淡水养殖专业户 197 个，排入外部水量 1 887.83 万 m^3，排入农田量 544.85 万 m^3，饲料总使用量 3 558.09 t，药物总使用量 345.30 t，肥料总使用量 1 911.96 t。

依据万安县环境统计报表，经统计，2015 年万安县水产养殖的化学需氧量、氨氮、总氮、总磷排放量（入湖量取值相同）分别为 85.28 t/a、11.00 t/a、11.00 t/a、0.06 t/a（表 3.14）。

表 3.14   2015 年万安县不同类型面污染源主要污染负荷排放量情况   单位：t/a

项目	农村生活污水	分散养殖	水产养殖	农业面源污染	面源污染负荷
COD_{Cr}	2 848.74	8 786.25	85.28	—	11 720.27
氨氮	356.09	878.62	11.00	—	1 245.71
TN	498.53	1 936.23	11.00	1 012.54	3 458.30
TP	37.72	28.47	0.06	143.95	210.20

5）面污染源主要污染负荷

万安县面污染源主要污染负荷化学需氧量、总氮、总磷和氨氮污染物年排放量分别为 11 720.267 t/a、1 245.71 t/a、3 458.30 t/a 和 210.20 t/a。

3.2.1.3　流域污染物排放现状

2015 年万安县主要污染负荷排放情况如图 3.3 所示。从各污染物的排放来看，化学需氧量的排放源以分散养殖为主，占 50%，其次是规模化养殖（17%），再次是城镇生活污水和农村生活污水，工业污染源和水产养殖排放贡献较少；总磷排放主要来源于农村生活污水，其次是城镇生活污水，再次为分散养殖，工业源和水产养殖排放占比较少；总氮污染主要是城镇生活污水，其次是规模化养殖、分散畜禽养殖、农村生活污水和农田面源污染；氨氮污染主要是城市生活污水和农村生活污水及规模化养殖，分别占 37.18% 和 25.89% 及 22.65%（表 3.15）。

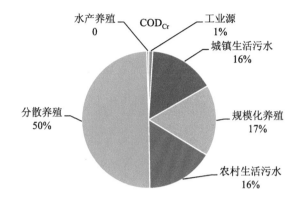

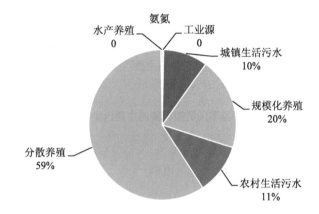

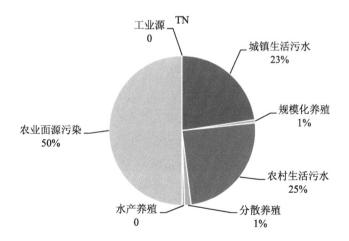

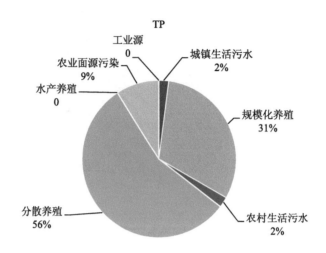

图 3.3   万安县不同类型污染源主要污染负荷排放量占比情况

表 3.15   万安县不同类型污染源主要污染负荷排放量   单位：t/a

项目	COD_{Cr}	氨氮	TN	TP
工业源	170.80	10.84	—	—
城镇生活污水	2 799.70	318.73	457.47	31.97
规模化养殖	2 950.40	491.73	650.18	13.66
农村生活污水	2 848.74	356.09	498.53	34.34
分散养殖	8 786.25	878.62	1 936.23	28.47
水产养殖	85.28	11.00	11.00	0.06
农业面源污染	—	—	1 012.54	143.95
点源污染总负荷	5 920.90	821.30	1 107.65	45.63
面源污染总负荷	11 720.27	1 245.71	3 458.30	206.82
总计	17 641.17	2 067.01	4 565.95	252.45

注："—"表示未统计到的数据，下同。

3.2.2　流域水污染物排放量预测

在维持现有处理现状,考虑流域人口的持续增加(2016—2020 年人口按 7.28‰计算),养殖数量、水产养殖、种植业规模增加(维持现有废弃物处理比率,畜禽数量按 5%增长,水产养殖、种植业按 8%、7%的速度增长估算)的状况下,到 2020 年万安县核心区内化学需氧量排放量 20 420.59 t/a,氨氮排放量 2 389.53 t/a,总氮排放量 5 470.15 t/a,总磷排放量 308.24 t/a,具体如表 3.16 所示。

表 3.16　2020 年各污染物排放量预测汇总情况　　　　　单位:t/a

项目	COD$_{Cr}$	氨氮	TN	TP
工业废水	223.88	14.21	—	—
城镇生活污水	2 882.12	328.11	470.94	32.91
规模化养殖	3 586.23	597.70	790.30	16.60
农村生活污水	2 932.60	366.57	513.21	35.35
分散养殖	10 679.74	1 067.97	2 353.50	34.61
水产养殖	116.02	14.97	14.97	0.08
农业面源污染	—	—	1 327.23	188.69
点污染源	6 692.23	940.02	1 261.24	49.51
面污染源	13 728.36	1 449.51	4 208.91	258.73
总计	20 420.59	2 389.53	5 470.15	308.24

3.3　流域生态环境问题识别

万安县水环境质量整体良好,但也存在一些问题,其中农业面源污染、分散养殖、生活污水是流域水环境的主要问题。万安县畜禽养殖方面以散养为主,畜禽、水产养殖规模小、数量多,畜禽粪便的综合利用率和污水处理效率较低;农村集镇生活污水和生活垃圾的处理手段不够规范，增加了治理难度，加大了水环境压力。

3.3.1 水质由Ⅱ类向Ⅲ类转化，水质呈波动性变化

万安水库水质目前处于中营养—富营养化状态，库区水质在时间序列上呈波动性变化，万安水库的水质状况为《地表水环境质量标准》（GB 3838—2002）的Ⅲ类，近年的水质检测结果表明水库水质有从Ⅲ类向Ⅴ类转变的风险，需要加大入库河流的负荷削减，保障库区的生态安全。

3.3.2 流域内面源污染严重，土壤受污染范围扩大

据农业部门数据，万安县化肥年使用量约为 1 000 t（折纯），农药约为 0.063 77 t（折纯），此外，农膜用量呈逐年增长态势，农业面源污染形势日益严重。流域内通津河、赣江及其支流两岸农田、水浇地及旱地分布较为广泛，由于农药化肥的过度施用，加之农田水利系统现状相对较差，田埂规格较低，在降水的作用下，各种农药、化肥及其他营养物质随农田排水及地表径流进入河道。

3.3.3 环保基础设施建设滞后于城镇化进程

城镇化是建设美丽富裕和谐文明新万安的必由之路，近年来，万安县城镇面貌焕然一新，城镇化率逐年提高，但城镇环保基础设施建设欠账较多。生活污水没有得到有效处理，流域大部分乡镇沿河而建，人口随着城镇化率提高而高速聚集，而大多集镇的生活污水处理设施建设缓慢，直排直放现象仍然存在，导致大量生活污水直排进入万安水库，成为库区污染源之一。

3.3.4 流域内环境基础研究薄弱，亟待加强

由于万安县的历史研究基础较薄弱，目前依然缺乏系统的监测，特别是对流域详细的生态安全调查与评估的缺乏，无法对精确指导地方生产与保护发挥更大

的效益，亟待全面系统地组织对全流域的生态环境进行调查与研究。且流域内水环境监测点位数量较少，亟须优化流域内监测点位布设，加强环境监测能力建设，提高生态监测能力，形成有效的水环境监测体系。

3.4   生态环境保护面临的形势

3.4.1   水污染形势依然严峻

长期以来，万安县对农村面源污染重视依然不够、投入很少，农业集约区的农药化肥污染和畜禽养殖污染严重，除少数已开展水污染治理试点村庄外，大多数农村污染都没有得到有效治理，普遍存在污水直排和垃圾倾倒至水体的现象。随着万安县食品深加工工业的快速发展，工业点源污染负荷明显增加，一些企业废水排放尚不能稳定达标，水环境污染风险与日俱增。

3.4.2   城镇生活污水治理设施还不完善

流域内已建成的万安县污水处理厂（一期和二期）的处理能力仍旧不够，两期各仅有 0.5 万 t/d，二级处理能力有限，且污水处理厂的现有配套管网建设滞后，雨污分流体系不完善，污水不能完全收集入网，导致污水处理厂进水浓度偏低，降低了污水处理设施的效率；同时污水处理厂未考虑污泥的资源化利用和安全处置。此外，流域内广大农村生活污水未得到合理处理，直接排放至周边河道，汇入万安水库。

3.4.3   社会开发活动与生态环境保护矛盾加大

3.4.3.1   经济社会发展、旅游开发与生态环境保护的矛盾

近年来，万安县经济快速增长（旅游业和特色养殖业具有较强的市场竞争力），城镇人口大量增加，导致入河污染物排污总量不断增加。万安县拥有国家森林公

园 1 处（万安国家森林公园，面积 16 333 hm^2）、国家湿地公园 1 处（万安湖国家湿地公园，面积 4 730.91 hm^2）、国家级景区 1 处（4A 级：万安县高陂田北农民画村景区）、国家级水产种质资源保护区 1 处（万安水库库区及其赣江万安河段）、县级自然保护区 1 处（月明自然保护区，面积 2 000 hm^2）。日益增长的旅游产业和旅游需求，与集中式污水处理设施、垃圾收集转运设施处于较低的处理水平，不能满足日益增长的旅游市场对区域生态环境承载最佳负荷和最优处理的市场与环境监管要求，导致经济发展对水体及生态环境保护带来日益突出的防治压力。

3.4.3.2　产业结构及布局不尽合理

由于历史因素，流域内经济发展曾极为缓慢，东部沿岸产业转接机遇期内不分污染类型盲目引资以及分布的有色金属采选等重污染企业在区域内开发数十年，这些企业与区域环境功能区划存在一定的矛盾，并且矿产资源开采所产生的废水、废渣及生态环境问题较突出。

3.4.4　生态环境监管能力仍然薄弱

3.4.4.1　生态环境保护资金投入不足

万安县水污染防治工作是一项系统工程，牵涉面广，存在不少历史遗留问题，部分水域治理难度偏大，需要投入大量资金。然而由于地方财力有限，生态环境保护和建设能力的投入不足，环境监测、生态监测手段和执法能力相对落后，导致沿岸的开发建设活动破坏了地形地貌、土壤和植被。

3.4.4.2　环境监测能力有待进一步改善

流域内设置为数不多的水质自动监测站，其他点位水质监测依靠人工监测方式进行，万安县上设有国控断面通津、万安水库（目标水质Ⅲ类）。因监测人员、经费、设备不足、工作车船陈旧、应急能力不足等条件的限制，监测频次为每两个月 1 次，尚不能满足重点流域水环境监测的要求，也不能动态反映水系污染水情水质变化趋势，严重制约了流域水污染防治科学决策能力和预警应急能力。

3.4.4.3　监管难度较大

流域面积大，地势起伏明显，部分污染源深藏大山深处，监管难度极大，仅靠县市环境保护局的人力远远不够。

3.4.4.4　部门分割管理，缺乏相应的合作机制

流域开发、利用与保护涉及众多部门和行政区域，长期以来，有关部门各自为政，职能交叉，地区之间存在一定的利益冲突，缺乏协作机制，生态环境保护与建设工作难以达到预期目标。

3.4.4.5　地方治理意识跟不上政策步伐

万安县流域保护牵涉面广，要真正使其水质清洁优良不断优化，还需要建立一套治理的长效机制，使用行政、经济、法律、宣传教育等综合手段，才能够见效。

3.5　流域已开展的生态环境保护工作及成效

3.5.1　严格环境准入，环境污染源头控制

万安县进行项目引进时，严格环境准入，实施严格的技术、能耗、排放、效益等标准，新建项目必须符合区域产业、环保等相关规划，并符合国家规定的环境准入条件、清洁生产标准和排放标准。鼓励现有企业向上级申报环保节能技改项目，重点发展节能装备和节能产品制造、资源综合利用以及节能环保服务。同时，在茶叶深加工、矿产资源加工产业及农副产品业实行水污染总量控制。建立新建项目与污染减排、淘汰落后产能相衔接的审批机制，落实"等量淘汰（置换）"或"减量淘汰（置换）"制度。

3.5.2　严守总量控制，污染防治扎实推进

3.5.2.1　"十二五"时期总量减排工作圆满完成

为确保污染物总量减排工作顺利完成，根据吉安市下达的总量削减目标责任

书，万安县制定了年度主要污染物减排实施方案。通过采取建设减排工程、强化监管治理设施运行、关停非法违规企业等措施，流域各县均圆满完成"十二五"时期总量减排任务。已建成的万安县城污水处理厂［（一期）和（二期）］的处理能力为 8 000 t/d，建成运行以来，其年减排量为化学需氧量 182.32 t、氨氮 19.53 t、总磷 2.75 t 和总氮 27.67 t。

3.5.2.2　饮用水水源保护工作全面展开

万安县集中式饮用水水源保护区范围划定方案已于 2007 年获得省政府批复，水源地规范化建设工作已完成。为持续保障居民用水安全，成立了由环保、水利、住建、公安、国土资源、林业、农业等部门组成的协调组，领导小组下设办公室，设在县环境保护局，具体负责县城水源地保护工作的协调、监督和管理。目前，流域内各乡镇已编制农村饮用水水源地规范化建设方案，农村饮用水水源保护工作正有序推进。

3.5.3　加速生态创建，人居环境稳步提升

建设生态文明，是关系人民福祉、关乎民族未来的长远大计。党的十八大报告首次把生态文明建设提升至与经济、政治、文化、社会四大建设并列的高度，列为建设中国特色社会主义的"五位一体"的总布局之一，成为全面建成小康社会任务的重要组成部分，标志着中国现代化转型正式进入一个新的阶段。

万安县历来重视生态创建工作，生态县建设规划于 2009 年通过省环境保护厅组织的评审会。据不完全统计，截至 2016 年年底，全县共有省级生态乡镇 6 个（百嘉镇、宝山乡、芙蓉镇、五丰镇、高陂镇、韶口乡），省级生态村 1 个（高陂镇泗源村）。

3.5.4　强化环境执法，监管水平日趋完善

3.5.4.1　定期开展例行检查

严密关注重点污染源废水在线设施运行情况，对发现问题企业及时下达整改

通知；对国控企业实行每月 1 次现场检查，包括废水、废气达标排放情况，污染治理设施运行情况；对区域污染源排放重点企业，实施季度采样监测；对普通企业，采用抽查方式。

3.5.4.2　不定期开展环保专项行动

根据工作需要，不定期地开展环保专项行动，实行严查重处，化解信访纠纷，维护群众环境权益。同时，建立了 24 h 接访制度、协调办案制度、案件督查制度、举报回访制度。

第4章

流域水污染防治绩效目标

建立万安县污染控制和综合整治系统，形成较完善的污染防治体系和统一高效的协调机制，使流域内主要污染源得到有效控制；万安县水质在确保Ⅲ类的基础上稳步提高，遏制万安县局部水域富营养化趋势；建立健全饮用水水源地安全监测系统和预警体系，集中式饮用水水源地水质达到国家相关标准，确保饮用水安全；万安县生物多样性得到较好的保护，实现生态系统良性循环，人与自然和谐相处。

4.1　近期目标

4.1.1　生态环境绩效目标与指标

到 2020 年，万安县水质由目前的整体Ⅱ～Ⅲ类保持在Ⅱ～Ⅲ类，部分指标优于Ⅲ类甚至达到Ⅱ类水平，总氮、总磷浓度有所下降。集中式饮用水水源地水质继续保持达到功能要求，饮用水水源地一级保护区水质稳定达到Ⅱ类水质标准，并且主要污染物指标呈逐年下降趋势。

到 2020 年，流域水源涵养与生态保障林等类型的森林覆盖率保持不变，恢复至少 1 660 亩的森林植被面积，并以营造阔叶林或针阔混交林为主。

流域工业点源污染和农村面源污染得到有效控制，入河污染负荷得到有效削减，全面保障区域饮用水安全；农业产业结构有较大提高，清洁生产机制和循环经济体系基本建立；流域生态环境明显改善，生态服务功能得到保证。

本阶段主要解决工业点源污染和农村面源污染问题，巩固已有节能减排成果；推进土地集约化利用程度，加大受保护区面积；在重点行业推行清洁生产机制，并初步建立循环经济体系，发展特色种植业和无公害种植业，逐步形成以绿色农业为主的农业产业结构。

到 2020 年，万安县化学需氧量排放量 20 420.59 t/a、氨氮排放量 2 389.53 t/a、总氮排放量 5 470.15 t/a、总磷排放量 308.24 t/a（已扣除已有的减排能力：化学需氧量 2 044 t/a、氨氮 306.6 t/a、总磷 38.33 t/a 和总氮 383.25 t/a)。项目实施后，四大类 13 个小类 49 个项目在主要污染物减排方面可每年削减化学需氧量 6 510.48 t、氨氮 983.90 t、总氮 1 305.48 t、总磷 54.48 t；其中主控规模化畜禽养殖源、城镇生活源和农村面源。

4.1.2   投融资效率目标与指标

融资社会资本与银行贷款资金用于水污染防治项目。

4.1.3   管理效力目标与指标

环境监测方面，通过合理布设河段监测点位，从目前的 4 个点位加设至 15 个点位，水生态系统调查从 0 个点增加到 12 个点，水环境调查频次从每两个月 1 次增加到每月 1 次，调查指标从仅常规水质调查到河流生态系统的全面指标调查。建立完善的入河监测体系，并开展现状调查，通过合理布设河流监测点位，开展入河水生态系统与水环境现状的综合调查，水环境、藻类监测每月 1 次，河岸带和其他水生生物类群每个季度调查 1 次。此外，为应对突发水污染事件还需开展水环境监测。

对于饮用水水源地保护而言，将合理增加水源地保护区的监测点位，并建立相关的物理隔离、规范性标识和警示系统以及饮用水水源地日常巡查制度，到 2020 年年底将完善饮用水水源地的在线监测系统建设、实时视频在线监测系统构建以及日常档案规划化制度建设，使流域内饮用水水源地完成规范化建设。

环境信息系统建设方面，建立起江河湖泊环境信息监管平台，对重点污染源和在线实时监测体系提供报警反馈功能，以有效保护江河湖泊优质的生态环境。与此同时，需逐步建立和形成高效的自然保护管理机制，稳步提高区域的生态安全水平。

4.2　远期目标

到 2030 年，将万安县建成清洁生产、循环经济的示范地；生态安全屏障建成并发挥功效，管理机制高效，管理手段科学；主要河流及湖体监测断面水稳定达到Ⅱ类；流域生物多样性得到较好保护，湖滨带缓冲区面积与缓冲带长度逐渐增加，生态环境实现良性循环，稳定发挥各项生态功能（表 4.1）。

表 4.1　万安县水污染防治总体目标值

类别	指标名称	2015 年基准年	2020 年目标值	指标属性
水环境	水质类别	干流及 1 个国控断面（Ⅲ类）	干流（Ⅲ类及以上）	约束性指标
		水质较好支流（Ⅱ～Ⅲ类以上）	至少营养指标达到Ⅱ类	约束性指标
		集中式饮用水水源水质达标率/%	100	约束性指标
	过界断面水质达标率/%	80	>85	约束性指标
	水功能区达标率/%	80	95	约束性指标
	县城污水处理率/%	50	≥80	约束性指标
	县城污水管网接管率/%	50	≥80	约束性指标
	滨水农村生活污水处理率/%	0	60	参考性指标
	农村生活垃圾清运处置率/%	45	80	参考性指标
	农田面源污染控制率/%	0	15	参考性指标
	饮用水水源地规范化建设/%	30	100	约束性指标
	工程 COD 减排量/（万 t/a）	—	3 196.88	约束性指标
	工程氨氮减排量/（万 t/a）	—	323.68	约束性指标
	工程总氮减排量/（万 t/a）	—	442.14	约束性指标
	工程总磷减排量/（万 t/a）	—	15.16	约束性指标
水生态	森林覆盖率/%	68.8	68.8	参考性指标
	新增滨岸缓冲带面积/亩	—	1 974	参考性指标
	新增湿地面积/亩	—	146	参考性指标
	新增生态林面积/亩	—	1 974	参考性指标
	新增河道治理长度/km	—	47.7	参考性指标

类别	指标名称	2015 年基准年	2020 年目标值	指标属性
水管理	水生态环境监测站点	4 个常规监测断面，1 个国控断面，1 个水源地监测点位	15 个监测点位，2 个水源地监测点位，2 处在线监测点	参考性指标

本阶段在巩固前一阶段工作成果的基础上，主要建设并形成生态安全屏障，建立科学管理机制，全面提升管理水平，发挥所有工程措施和管理措施的综合效益，使万安县生态安全长期稳定在"安全"以上水平。

根据总体目标和专项目标，建立万安县水生态建设的考核指标体系，详见表 4.2。

表 4.2   万安县水生态建设考核指标体系

序号	指标类别	指标	要求	指标属性
1	水质指标	万安县干流与支流	《地表水环境质量标准》（GB 3838—2002）Ⅱ～Ⅲ类标准、饮用水水源地Ⅱ类标准	约束性指标
2	生态目标	流域植被覆盖率提高比例	0	约束性指标
		生态林新增面积	约 1 660 亩	参考性指标
		湿地增加面积	3 亩	参考性指标
		黑臭水体治理达标率/%	100	约束性指标
3	长效机制目标	饮用水水源地规范化建设完成率/%	100	约束性指标
4		环境监测、环境监察、环境应急标准化建设	基本完善	参考性指标
5		生态环境信息系统建设	逐渐健全	参考性指标

第 5 章

技术路线与主要措施

5.1　内容设置

紧紧围绕万安县水污染防治的总体目标，以"1 目标+5 措施+1 重点工程+1 长效机制"总体思路为指导，设置以下内容：

（1）万安县水环境概况。

（2）万安县水污染防治现状研究及保护形势分析。

（3）万安县水污染防治目标解析。

（4）万安县社会经济调控。

（5）万安县水土资源调控。

（6）万安县水污染削减控制。

（7）万安县水生态系统调控。

（8）万安县生态安全管理。

（9）万安县水污染防治重点工程。

（10）效益与目标可达性分析。

（11）组织实施与保障措施。

重点实施四大类工程项目，分别为：

（1）流域生态环境状况调查与评估类项目。

（2）流域污染源治理类项目。

（3）流域生态修复与保护类项目。

（4）环境监管能力建设类项目。

5.2　技术路线

万安水库流域区间河流水污染防治总体方案技术路线如图 5.1 所示。

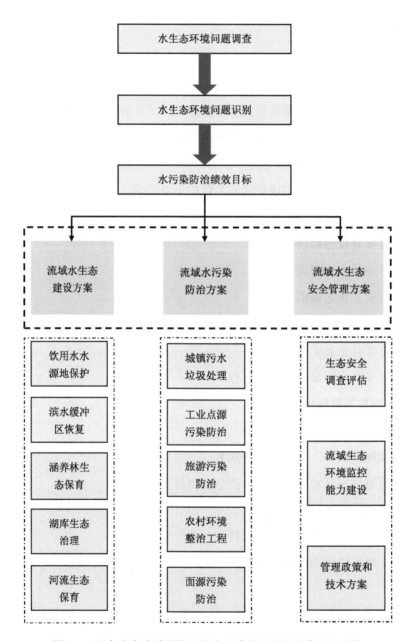

图 5.1   万安水库流域区间河流水污染防治总体方案技术路线

第6章

流域水污染防治方案

6.1　流域污染源控制总体思路

6.1.1　基本原则

6.1.1.1　保障水体和空气等环境质量达环境目标

国家提出"总量控制"实际上是区域性的，当局部不可避免地增加污染物排放时，应对同行业或区域内污染物进行排放量削减，使区域内污染源的污染物排放负荷控制在一定数量内，使污染物的受纳水体、空气等的环境质量可达到规定的环境目标。

6.1.1.2　服从总目标，略留余地

分级管理，区别对待突出重点总量控制要服从区域环境质量的原则：将总量分配到污染源的过程中，利用排污申报登记的数据作为总量分配的基础数据。

6.1.2　调控目标

全面完成主要污染物减排任务，持续改善万安县环境质量，规模化畜禽养殖污染物得到有效治理，工业企业污染得到切实管控，城镇生活污染得到有效处理，农业面源污染风险大幅降低，废弃矿山得到有效治理，农村环境得到明显改善。重要生态功能保护区、脆弱区和敏感区的生态功能保持稳定并逐步提升，环境安全防控体系逐步建成，确保空气质量更优，水质条件更好，土壤环境更安全，人民群众对生态和人居环境更满意，生态文明水平与全面小康社会相适应。

6.2　流域水环境承载力估算与预测

6.2.1　水环境容量计算

万安水库的水环境容量。

6.2.1.1　计算模型的确定

选取 4 项污染指标作为研究对象，即化学需氧量、氨氮、总氮和总磷，其中化学需氧量和氨氮属于耗氧类污染物，总氮和总磷属于守恒类污染物，容量模型相应为耗氧类污染物容量模型和守恒类污染物容量模型。

1）化学需氧量、氨氮模型

化学需氧量、氨氮采用 Vollenweider 模型。

$$V(t)\, dc/dt = Q_{in}(t)\, C_{in}(t) - C_{out}(t)\, Q_{out}(t) - KV(t)\, C$$

$$Q_{in}(t)\, C_{in}(t) - C_{out}(t)\, Q_{out}(t) - KV(t)\, C = 0$$

$$W(t) = C_s[Q_{out}(t) + KV(t)]$$

式中，$V(t)$——箱体在 t 时刻的容积，m^3；

　　　　dc/dt——箱体水质参数的变化率；

　　　　$Q_{in}(t)$——在 t 时刻箱体的入湖流量，m^3/a；

　　　　$Q_{out}(t)$——在 t 时刻箱体的出湖流量，m^3/a；

　　　　$C_{in}(t)$——在 t 时刻箱体的入湖污染物的平均浓度，mg/L；

　　　　$C_{out}(t)$——在 t 时刻对箱体的出湖污染物的平均浓度，mg/L；

　　　　C_s——化学需氧量（氨氮）的水环境质量标准，mg/L；

　　　　$W(t)$——在 t 时刻箱体的某污染物水环境容量，t/a；

　　　　K——某种污染物的衰减系数或污染物的综合降解系数，d^{-1}。

2）总氮、总磷污染物模型

总氮、总磷采用 Dillion 模型。Dillion 模型对 Vollenweider 模型进行了一些修正，模型也假定水库完全均匀混合，水库的 N、P 负荷主要来源于外部，水体中的物质平衡处于稳态或准稳态。

$$L_p = \frac{C_s \times \rho \times H}{1-R}$$

$$\rho = \frac{Q_{in}}{V}$$

$$W = L \times A$$

式中，L_p——水库允许负荷量，g/（m^2·a）；

　　　C_s——水环境质量标准，mg/L；

　　　ρ——水力冲刷系数，1/a；

　　　H——水深，m；

　　　Q_{in}——每年流入水库的水量，m^3/a；

　　　R——水库滞留系数，$R = 0.426\exp(-0.271Q^*) + 0.573\exp(-0.00949Q^*)$，

　　　　　$Q^* = q/A$，q 为出库水量，m^3/a；

　　　V——水库面积，m^3；

　　　W——污染物的水环境容量，t/a；

　　　A——水库面积，km^2。

简化模型：

$$W = \frac{Q_{in} \cdot C_s}{1-R}$$

6.2.1.2　降解系数的确定

（1）参考《环境影响评价技术导则　地面水环境》（HJ/T 2.3—93）中关于降解系数实验室测定法中有关湖泊、水库与河流耗氧系数相关方程，根据江西地区监测站采用的河流 K_{COD} 和 K_{NH_3-N}（其中 K_{COD}=0.2、K_{NH_3-N}=0.15）计算成库后枯水期库区的 K_{COD} 和 K_{NH_3-N}，并通过与现场实测法得出的降解系数进行对比，对计算结果进行修正，最终确定成库后枯水期库区的 K_{COD} 和 K_{NH_3-N}。

由 HJ/T 2.3—93，降解系数温度修正公式如下：

$$K_{(T)} = K_{(20)} \cdot \theta^{(T-20)}$$

式中，θ——温度常数，$\theta=1.047$；

  T——温度，℃；

  $K_{(T)}$——指该 T℃的降解系数，d^{-1}；

  $K_{(20)}$——指该 20℃的降解系数，d^{-1}。

  由 HJ/T 2.3—93，实验室测定 $K_{库}$ 和 $K_{河}$ 相关函数公式如下：

$$K_1 = \frac{K_1' + (0.11 + 54I)u}{H}$$

式中，湖泊水库可直接采用 $K_{库}$；

  $K_{库}$——K_1'，指实验 20℃测定降解系数，d^{-1}；

  $K_{河}$——K_1，指河水温度为 20℃时降解系数，d^{-1}；

  I——河床坡度；

  H——河流平均水深，m；

  u——河流中断面平均流速，m/s。

  经计算可得，枯水期 K_{COD} 和 K_{NH_3-N} 分别为 0.053 3 d^{-1} 和 0.132 3 d^{-1}。

  （2）对综合降解系数 K 值进行实验测定。通过实验计算得知，K_{COD} 和 K_{NH_3-N} 分别为 0.061 d^{-1} 和 0.149 d^{-1}。具体测定和计算情况如表 6.1 所示。

表 6.1　万安水库枯水期 COD 和氨氮降解系数测定及计算情况

测定项目	COD/（mg/L）			氨氮/（mg/L）		
	监测 1	监测 2	监测 3	监测 1	监测 2	监测 3
万安大坝 C_a	6.42	9.05	5.99	0.446	0.488	0.803
潭坑口 C_b	8.13	9.98	6.85	0.838	0.728	0.918
平均流速/（m/s）	0.2	0.2	0.2	0.2	0.2	0.2
两点距离/km	45	45	45	45	45	45
K 值/d^{-1}	0.091	0.039	0.052	0.242	0.154	0.052
K（d^{-1}）均值	0.061			0.149		

6.2.1.3　水环境容量计算条件确定

1）水质控制目标

本规划以化学需氧量、氨氮、总氮、总磷这 4 项污染物作为水环境容量计算的控制指标。

2）水质目标

水质的总体控制目标应保证在《地表水环境质量标准》（GB 3838—2002）Ⅱ类或Ⅱ类限值以下，但为了该区域的长远发展和水体环境的自净再生循环，限定这类特定水域的水质不能超过《地表水环境质量标准》的Ⅲ类标准。

6.2.1.4　相关参数条件确定

1）滞留系数 R_N、R_P

$$R = 1 - \frac{Q_{out} \cdot C_{out}}{Q_{in} \cdot C_{in}} = 1 - \frac{W_{out}}{W_{in}}$$

式中，W_{out}——出库污染物总量，t/a；

　　　　W_{in}——入库污染物总量，t/a。

2）水质目标

根据拟定的水质目标，查阅《地表水环境质量标准》（GB 3838—2002）确定各控制指标的污染物控制浓度，具体数据如表 6.2 所示。

表 6.2　地表水环境质量标准　　　　　单位：mg/L

项目	Ⅱ类	Ⅲ类
COD	15	20
氨氮	0.5	1.0
TN（湖、库，以 N 计）	0.5	1.0
TP（湖、库，以 P 计）	0.025	0.05

3）边界条件

根据万安水库水文数据以 90%水文保证率和污染负荷入库量计算出万安水库的水环境容量，具体见表 6.3。

表 6.3 万安水库水环境容量计算边界条件

参数	符号	单位	数值
水库容积	V	亿 m³	22.14
水面面积	A	km²	107.5
水深	Z	m	96
入库水量	Q_{in}	亿 m³/a	246.12
出库水量	Q_{out}	亿 m³/a	227.15
滞留系数	R_N	—	0.366
滞留系数	R_P	—	0.308

6.2.1.5 污染物容量计算

1）化学需氧量、氨氮模型

$$W = C_s(Q_{out} + KV)$$

式中，C_s——化学需氧量（氨氮）的水环境质量标准，mg/L。

2）总氮、总磷模型

$$W = \frac{Q_{in} \cdot C_s}{1 - R}$$

选定完全均匀混合水质模型来描述水库的水质状态变化，并将水库作为一个箱体考虑。选取 4 项污染指标作为研究对象，即化学需氧量、氨氮、总氮和总磷，其中化学需氧量和氨氮属于耗氧类污染物，在确定了万安水库水环境容量模型后，根据对万安水库的水质分析，纳入模型的因子包括化学需氧量、氨氮、总氮和总磷。在容量计算的基础上，水文保证率 P=90%，计算得到万安水库现状水环境容量，如表 6.4 所示。

表 6.4 万安水库水环境容量计算结果　　　　　　单位：t/a

水质标准	COD	氨氮	TN	TP
II类	553 269	18 442.3	19 417.69	888.94
III类	737 692	36 884.6	38 835.38	1 777.87

6.2.1.6 环境容量与污染物预测排放量对比

各污染物排放量与计算的万安水库各项指标环境容量的指标比较,如表 6.5 所示。在无本规划项目工程实施的情况下预测 2020 年污染物排放量与水环境容量比较,如表 6.6 所示。

表 6.5 2015 年万安水库现状污染物排放量与水环境容量比较

污染物名称	污染物现状入湖量/（t/a）	按Ⅱ类标准进行计算/（t/a）			按Ⅲ类标准进行计算/（t/a）		
		水环境容量	剩余容量	剩余率/%	水环境容量	剩余容量	剩余率/%
COD	217 424.09	553 269	335 845	—	737 692	520 267.91	70.5
氨氮	15 468.36	27 851.8	12 383.8	—	55 703.6	40 235.6	72.23
TN	38 924.68	19 417.69	−19 506.99	−50.11	38 835.38	−89.3	−0.23
TP	1 586.05	888.94	−697.11	−43.95	1 777.87	191.82	10.79

表 6.6 2020 年万安水库预测污染物排放量（无规划项目实施情况下）与水环境容量比较

污染物名称	预测污染物入湖量/（t/a）	按Ⅱ类标准进行计算/（t/a）			按Ⅲ类标准进行计算/（t/a）		
		水环境容量	剩余容量	剩余率/%	水环境容量	剩余容量	剩余率/%
COD	225 165.163 8	553 269	328 103.836 2	—	737 692	512 526.836 2	70.50
氨氮	16 117.438 44	27 851.8	11 734.361 56	—	55 703.6	39 586.161 56	72.23
TN	40 548.477 07	19 417.69	−21 130.787 07	−108.82	38 835.38	−1 713.097 069	−4.41
TP	1 745.915 369	888.94	−856.975 368 8	−96.40	1 777.87	31.954 631 19	1.80

由表 6.6 可知,在万安水库水质目标规定为地表水Ⅲ类水质目标的情况下,各项指标与近、远期预测污染物入湖量相比,全部指标的水环境容量均有剩余,但总氮和总磷剩余的容量接近或已经不足。若按Ⅱ类水质标准,则总氮和总磷均超标,其中尤以总氮超标严重,超标率达到 108.82%,总磷超标率为 96.40%。若没有本规划项目工程支持条件,2020 年污染排放总氮指标将超过水环境容量Ⅲ类

值，总磷指标接近（<1.8%），污染形势十分严峻，因此制定水污染防治方案显得依然迫切。

河流的水环境容量：

采用河海大学环水所逢勇、罗清吉开发的"水质和水环境容量计算模型"对万安县水环境容量进行计算，模型计算所需参数如下。

（1）控制指标

根据万安县近几年的水质监测资料和污染调查资料，确定以化学需氧量、氨氮、总氮、总磷这4项污染物作为水环境容量计算的控制指标。

（2）水质目标

水质的总体控制目标应保证在《地表水环境质量标准》（GB 3838—2002）Ⅱ类或Ⅱ类限值以下，才能满足区域社会经济可持续发展的需求。

考虑到近年来流域周边经济人口的迅速发展以及旅游业规模的日益扩大，使得排入万安县的污染物已经对流域水环境造成了一定的影响。例如，入河口附近和污染物排放口较为集中的水域目前已经对水体自净形成了一定负担，可以适当地调整放宽水质控制目标。但为了该区域的长远发展和水体环境的自净再生循环，限定这类特定水域的水质不能超过《地表水环境质量标准》（GB 3838—2002）的Ⅲ类标准。

（3）水质降解系数

污染物的生物降解、沉降和其他物化过程，可概括为污染物水质降解系数，主要通过水团追踪试验、实测资料反推、类比法、分析借用等方法确定。常用的水质降解系数确定方法主要有实测资料反推法和分析借用法。

①实测资料反推法

选取一个顺直、水流稳定、无支流汇入、无入河排污口的河段，分别在其上游（A点）和下游（B点）布设采样点，监测污染物浓度值和水流流速，按式（6-1）计算 K 值。

$$K = \frac{u}{\Delta x}\ln\left(\frac{c_A}{c_B}\right) \tag{6-1}$$

式中，Δx ——上下断面之间距离，m；

　　　c_A ——上断面污染物浓度，mg/L；

　　　c_B ——下断面污染物浓度，mg/L；

　　其余符号意义同前。

②分析借用法

根据计算流域以往工作和研究中的有关资料，经分析检验后可以采用。

无资料时，可借用水利特性、污染状况及地理、气象条件相似的邻近河流的资料。

万安县河流水环境容量计算时污染物综合降解系数的确定拟采用分析借用法进行。

（4）设计水流量

设计水流量在水环境容量的计算中是最重要的决定因素，一般采用近 10 年最低月平均水位或 90%水文保证率最枯月平均水位相应的流量作为设计水流量。

一般条件下，水文条件年际、月际变化非常大。作为计算水环境容量的重要参数，本研究采用相关县（市、区）水利志统计最枯月平均水位相应的流量作为万安县设计水流量条件。

（5）水体中污染物浓度

水体中污染物现状浓度是影响水环境容量计算的主要因素之一，污染物现状浓度高低直接决定了河流水体水环境容量，水体中污染物浓度一般取水利、环保等相关部门的监测数据。由于基础资料缺乏，万安县水环境容量计算时水体中污染物浓度计算取万安县河口断面监测数据。

（6）河流基本参数

河流基本参数是确定水环境容量的基础，主要包括岸边形状、水底地形、水深、平均宽度、平均水深、河道长度等。本项目进行水环境容量计算时以相关县

（市、区）水利志描述的河流基本参数为基础。

（7）相关参数确定

综上所述，查阅相关资料和监测数据，万安县平均流域水环境容量计算所需参数取值情况如表 6.7～表 6.9 所示。

表 6.7　地表水环境质量标准　　　　　　　　　　单位：mg/L

主控污染物	各断面 2016 年均值			污染物控制目标	
	万安水库坝上	遂川江江口	通津	Ⅱ类	Ⅲ类
COD	9.428	8.160	9.452	15	20
氨氮	0.408	0.278	0.259	0.5	1.0
TP	0.045	0.046	0.053	0.1	0.2
TN	1.296	1.296	1.434	0.5	1.0

表 6.8　水环境容量计算边界条件

参数	万安水库坝上	赣江（遂川江江口）	通津
水质降解系数/（1/d）	0.1	0.1	0.1
上游来水量/（m³/s）	932	1 012.81	1 013.67
支流流量（包括废水量）/（m³/s）	0	80.81	0.86
安全系数（量纲一）	0.8	0.8	0.8
河道宽度/m	300	80	35
河道平均水深/m	20	5	2
河道长度/km	0	10.3	44.3

表 6.9　万安主要河流水环境容量计算结果　　　　　　　　　　单位：t/a

水质标准	COD	氨氮	TN	TP
Ⅱ类	143 566.5	6 219.379	−23 829.69	1 213.187
Ⅲ类	271 996.1	19 062.34	−10 986.733	781.78

滞留系数 R_N、R_P：

$$R = 1 - \frac{Q_{out} \cdot C_{out}}{Q_{in} \cdot C_{in}} = 1 - \frac{W_{out}}{W_{in}}$$

式中，W_{out} ——出库污染物总量，t/a；

　　　W_{in} ——入库污染物总量，t/a。

6.2.2　万安县水环境容量

采用河海大学环水所逄勇、罗清吉开发的软件"水质及水环境容量计算模型"，选取化学需氧量、氨氮、总氮和总磷 4 项污染指标作为研究对象，计算流域水环境容量。计算结果如表 6.10 所示。

表 6.10　万安县水环境容量计算结果　　　　　　　　单位：t/a

水质标准	COD	氨氮	TN	TP
II类	696 835.50	24 661.68	−4 412	2 102.13
III类	1 009 688.10	55 946.94	27 848.65	2 559.65

6.3　流域水环境承载力与水质目标的差距

6.3.1　源强识别与减排目标差距

各污染物排放量与计算的万安县各项水环境容量的指标比较如表 6.6 和表 6.10 所示。

6.3.2　污染源排污负荷削减工程需求分析

由表 6.6 可知，在万安县重要水体（万安水库）水质目标规定为地表水III类水质目标和部分水体II类水质目标情况下，总氮、氨氮指标水环境容量与现状入河量、规划末期入河量相比，指标的水环境容量均难以支撑区域发展。若按Ⅱ类水质标准，总氮、氨氮规划排放量均已超出环境容量。由表 6.9 可知，若按Ⅲ类水质标准，总氮超过水环境容量 35.31%，氨氮指标超出 1.95%。以Ⅲ类水质标准来看，坝下河段（赣江干流坝下—通津河口）总氮的水环境容量不足。

综上所述，对流域经济发展和万安县水质存在影响风险的主要制约因子为氨氮和总氮，其主要污染来源于畜禽养殖（含规模化养殖和分散养殖）污染（占总排放量的 41.25%）、城镇生活污水排放（占总排放量的 26.72%）及农村生活污水排放（占总排放量的 18.17%）。因此，防控总氮污染重点在于控制城镇、农村生活污水排放及畜禽养殖废水排放污染，流域今后需要加快流域内城镇、农村生活污水处理设施和畜禽养殖废弃物治理设施建设，提高农村生活污水处理率与畜禽养殖达标排放率和综合利用率，多措并举地减少流域内氨氮、总氮及其他污染物的排放量，以保障万安县水环境质量。

6.4 生活污水控制与污染物削减方案

6.4.1 城镇生活污水处理

6.4.1.1 流域城镇集中式污水处理设施建设工程

从流域发展布局与人口集中程度出发，根据万安县各乡镇的人口聚集现状与趋势，分析污水处理状况，优化污水处理厂布局，到 2020 年全流域各乡镇至少建成投运 1 家污水处理厂。对于计划新建的城镇污水处理设施，应统筹考虑中长期环境保护的需要，科学合理选择污水处理设施工艺，要求新建县城污水处理厂必须达到《城镇污水处理厂污染物排放标准》（GB 18918—2002）一级 A 标准。到 2020 年，流域内大中型污水处理厂要全部达到一级 A 排放标准（GB 18918—2002）。

6.4.1.2　生活污染截污导流与排水管网建设工程

要按照"厂网并举、管网优先"的原则，进一步加强城镇污水处理厂配套管网建设，提升生活污水收集和处理能力，提高污水处理设施的负荷效率。特别是县城新区的污水收集管网、工业废水处理厂污水收集管网、各乡镇集镇污水收集管网亟待完善，以保障污水得到有效收集及处理，促进区域水域环境质量的改善。在有条件的区域，要求新建管网均采用雨污分流制；对于已建成雨污合流制管网的地区，应对污水管网纳污能力进行核定，确定合理的截流倍数，对截流倍数不符合环境保护要求的管网进行改造。到 2020 年，万安县城区污水管网覆盖率达80%以上，乡镇集镇污水管网覆盖率达 70%以上，保证全区域所有污水处理设施负荷率均达 75%以上。

6.4.1.3　城镇污水处理厂监督管理规范化建设工程

规范现有城镇污水处理厂的监督管理，提高污水处理负荷率并稳定达标排放。根据国家相关要求及吉安市的地方要求，排放至天然水体的污水处理厂应当执行不低于二级标准。依据污水处理厂出水水质标准的要求，建议规范现有污水处理厂的监督管理，强化污水处理厂各项污染物的去除效率，并增加或改造脱氮除磷设施以达到去除氨氮及总磷的效果，促进新、老污水处理厂实现稳定达标排放，在设施改造过程中，应统筹考虑化学需氧量、氨氮、总氮和总磷等各项水污染物的去除效率。

6.4.1.4　处理厂污泥无害化处理处置工程

污水处理厂产生的污泥有机物含量高、易腐烂，有强烈的臭味，如不加以妥善处理，任意排放，将会造成二次污染。目前，万安县污水处理厂污泥处理处置方式较为单一，随着万安县污水处理量不断增加，污泥处理处置压力将越来越大。首先应强化污水处理厂污泥全过程规范化管理，建立完善污泥管理台账制度，掌握污泥的产生量、处置量、流向等情况；实行转移联单制度，按标准建设堆放、储存场所，污泥渗滤液必须回流至污水处理装置再次处理；规范污泥转运，运输过程中应进行全过程监控和管理，防止造成环境二次污染；加大查处力度，严禁随意倾倒、偷排污泥，确保污泥安全处置。到 2020 年年底，规范污水处理厂污泥处理、清运及处置行为，实现全流域污泥全部安全处理处置。

6.4.2　村镇生活污水处理

万安县的农村生活污水存在分布广、排放量分散的特点，收集、处理工作难度非常大，资金支持不足，农村生活污水基本直排水体，给天然河流以及地下水带来环境风险。在加大财政投入的基础上，万安县可以选择人口较为密集的农村，试点建设稳定塘等低成本的分散式处理设施，避免农村生活污水对天然水体产生影响。对于已经建设或规划建设集中式污水处理设施周边的农村地区，应充分发挥集中式污水处理设施规模处理效益，因地制宜地提出污水处理方案。

6.4.2.1　分散式农村生活污水处理工程可选工艺

农村污水处理工艺原则上采用无动力或微动力、无管网或少管网、低运行成本的处理技术，乡镇集中居民区的污水处理工艺可根据处理规模适度考虑动力驱动。经过对各村实际情况进行调查，利用现有水塘和沟渠，因地制宜新建集中式污水处理工程和分散式生态沟渠或氧化塘等组合处理工程。

从工艺原理上通常可归为两类。一类是自然处理系统，利用土壤过滤，植物吸收和微生物分解的原理，又称生态处理系统，常用的有人工湿地处理系统、稳定塘系统和地下土壤渗滤系统等。另一类是生物处理系统，又分为好氧生物处理和厌氧生物处理，好氧生物处理是通过动力给污水充氧，培养微生物菌种，利用微生物菌种分解、消耗并吸收污水中的有机物、氮和磷，常用的有氧化沟、A/O、A^2/O 法、生物转盘和 SBR 法等；厌氧生物处理是利用厌氧微生物的代谢过程，在无须提供氧气的情况下把有机污染物转化为无机物和少量的细胞物质，常用的有厌氧接触法、水解酸化、厌氧滤池、厌氧水解、UASB 升流式厌氧污泥床等。

通常情况下，农村污水处理宜采用生物处理系统和自然处理系统相结合的处理工艺，以节约运行成本，目前比较成熟的有生态滤池+人工湿地（江苏）、水解酸化+人工湿地（2011 年吉安市连片乡镇生活污水处理示范工程）、稳定塘技术

（1979—1981 年的鄂州鸭儿湖稳定塘处理系统并纳入教科书，1991 年天津汉沽稳定塘处理系统、1994 年深圳布吉塘处理系统）、垂直流人工湿地（北京奥运村生活污水处理工程）、土地处理系统或地渗系统（清华大学生活污水处理工程、香港某社区生活污水处理系统、日本筑波市附近某社区生活污水处理工程）、土地渗滤处理系统+人工湿地（江苏金坛农村生活污水处理系统）、立体生态渗滤系统+人工湿地、厌氧—跌水充氧接触氧化+人工湿地、微动力净化装置+人工湿地、MBR处理工艺（2014 年江西樟树八景镇生活污水处理系统，金达莱专利技术）、净化槽技术（日本农村常用处理技术，2013 年云南洱海流域材村生活污水处理工程使用）等。各主要工艺技术特点如下：

1）渗滤土地处理系统

渗滤土地处理系统净化技术可分为污水快速渗滤系统（RI）和污水慢速渗滤系统（SRI）。其中，RI 技术为有控制地将污水投放于渗透性能较好的土地表面，使其在向下渗透的过程中经历不同的物理、化学和生物作用，最终达到净化污水的目的。RI 技术是一种高效、低耗、经济的污水处理与再生方法，主要用于补给地下水和废水回收利用。但是它需要较大的渗滤速度和消化速度，所以通常要求对进入此系统的污水进行适当的预处理。快速渗滤系统因其对污染物有较高的去除率和相对较高的水力负荷，在国内得到了较多应用。北京市通州区小堡村生活污水经快速渗滤系统处理后，出水水质指标达到一级排放标准。北京市昌平区使用的快速渗滤系统由预处理池、渗滤池、集排水系统、贮存塘等部分组成，它对化学需氧量、固体悬浮物、总氮、总磷去除率分别为 91.9%、98%、83.2%、69%。

SRI 技术通常被称为自然净化技术，对氮、磷等污染物的去除效果较好，但是传统的慢速渗滤系统的污水投配负荷一般较低，所投配的污水与植物需要、蒸发蒸腾量、渗滤量大体保持平衡，一般不产生径流排放，渗滤速度慢，以污水的深度处理和利用水、营养物为主要目标，基本不产生二次污染。SRI 系统的污水净化效率高，出水水质好，是土地处理技术中经济效益最大、对水和营养成分利用率最高的一种类型，但是污水投配负荷一般较低，渗滤速度较慢。

研究发现，当填料配比为锯末：陶粒：炉灰：土=1：2：2：5 时，土壤渗透性能最好，更适宜进行污水的土地渗滤处理。

2）地表漫流系统

地表漫流系统（OF）对预处理的要求低，而且不受地下水埋深的限制，大部分以地表径流被收集，少部分经土壤渗滤和蒸发损失，因而对地下水的影响小，是一种高效、低能耗的污水处理系统。

3）地下渗滤系统

地下渗滤系统（UG）是一种氮、磷去除能力强，终年运行的污水处理系统，它与前几种处理系统不同，埋于地下，因此对周围环境影响较小，不会滋生蚊蝇等，特别适用于北方缺水地区，而且对污水预处理要求低。南京大学在承担国家"863"太湖河网面源污染治理项目中，使用地下渗滤系统处理污水。污水首先进入预处理设施（化粪池），化粪池的上清液经混凝土（陶土）管自流至渗滤沟。在配水系统的控制下，经布水管分配到每条渗滤沟床中，通过砾石层的再分布，沿土壤毛细管上升到植物根区，污水中的营养成分被土壤中的微生物及根系吸收利用，同时得到净化。该系统还可分为渗滤坑式地下渗滤系统（Seepage Pit）、渗滤沟式地下渗滤系统（Drain Trench）、渗滤管（腔）式地下渗滤系统、尼米槽式地下渗滤系统、毛管渗透处理技术和复合型与改进型地下渗滤系统。

其中，渗滤沟式地下渗滤系统是目前应用最广泛的地下渗滤工艺，通常由化粪池、布水管网、砾石堆和处理场构成。渗滤管（腔）式地下渗滤系统是一种近年来国外出现的处理装置，特点是使用有一定空间的腔体结构和附属物包裹的渗滤管代替渗滤沟中的砾石堆，污水从渗滤管或渗滤腔下面和四周的小孔直接进入土壤，具有易安装、费用低、处理能力强、可反复使用、处理规模调整方便等优点，因此成为国外比较热门的处理技术。尼米槽式地下渗滤系统是由日本人 Niimi 和 Masaaki 于 20 世纪 80 年代，利用毛管浸润扩散原理研制开发的一种浅型土壤系统，它的独特之处在于，它在布水管附近使用了不透水的厌氧槽，污水通过布水管，进入下方的厌氧槽，蓄积以后，由于毛细力的作用，往四周和上方扩散，厌氧槽的作用就是截留和储存大部分固体悬浮物，并对其进行液化酸化处理，一定程度上减少滤料堵塞的发生。毛管渗滤处理技术比较适合用于生活污水的处理与回用。复合型与改进型地下渗滤系统主要是基于一定处理目的的考虑，为了优化处理效果，选用两种甚至多种不同的处理技术组建的一种联合处理工艺，如兼氧接触氧化—土地渗滤系统联合工艺、人工湿地—地下渗滤系统工艺、生物滤池—地下渗滤技术等。

4）厌氧—跌水充氧接触氧化+人工湿地

该处理工艺充分利用污水逐级跌落、自然充氧的特征，在去除污染物的同时可降低动力运行，若村庄地形起伏明显、可形成自然落差，则该处理工艺可达到无动力运行效果，充分降低运行成本；跌水充氧技术利用微型污水提升泵剩余扬程，一次提升污水将势能转化为动能，分级跌落，形成水幕及水滴自然充氧，无须曝气装置，以削减污水生物处理能耗。但跌水充氧技术对水体的扰动不足，不利于生物膜的脱落和更新，同时跌水高度成为唯一可增加溶解氧转移系数的手段。但该工艺的跌水充氧单元处理设施位于地面之上，且需暴露在空气中，处理设施及周边环境易滋生苍蝇、蚊虫，影响四周环境。因此，该处理工艺适用于经济条件一般、对环境要求相对较低的村庄。

5）微动力净化装置+人工湿地

该技术利用现场地形条件确定污水处理方案，整个工艺除需微量动力外，为天然无动力厌氧/好氧生活污水去碳、脱氮、除磷一体化生物处理工程，可有效降低运行成本，并且可利用村庄天然河塘、沟渠设施布置表面流或潜流式人工湿地，灵活实用。如水解酸化+人工湿地、厌氧水解+人工湿地均属于这一类，该处理工艺适用于处理规模较小、经济条件一般、拥有自然池塘或闲置沟渠的村庄。

厌氧池—接触氧化渠—人工湿地：生活污水先进入化粪池，对大部分有机物进行截留，并在厌氧发酵作用下被分解成稳定的沉渣；化粪池出水经格栅拦截较大漂浮物后进入接触氧化渠，接触氧化渠充分利用地势差，形成跌水补充溶解氧，并去除污水中的溶解性有机物；接触氧化渠出水由溢流井引入人工湿地，填料大多采用卵石、碎石和瓜子片，在填料上栽种耐水、多年生及根系发达的美人蕉、香蒲、菖蒲等，对污水进一步净化处理。

其中关键工艺是人工湿地技术，它由介质土壤、碎石、砾石、煤块、细沙、粗砂、煤渣、多孔介质、硅灰石和工业废弃物中的一种或几种组合的混合物和地表植物芦苇、艾草、菖蒲等组成，是一种独特的"土壤—植物—微生物"生态系统。当污水沿一定方向流过人工湿地，将在微生物、土壤和地表植物的联合作用下得到净化。一般可分为表面流人工湿地、水平潜流式人工湿地、垂直潜流式人工湿地和潮汐流人工湿地4种，其他变型如复合垂直流人工湿地。人工湿地技术具有处理出水水质好，运行维护方便，管理简单，投资及运行费用低的特点，其投资和运行费用仅为传统污水二级生化处理技术的10%～50%，较适合于资金少、能源短缺和技术人才缺乏的乡村，但人工湿地的占地面积远比传统工艺高得多。

6）一体化生化处理反应器

常用的一体化生化处理反应器工艺主要有 A/O、A/O+接触氧化、A^2/O+MBR、BAF、SBR、MBR 一体机等。其中，一体化 SBR 处理工艺具有集成化、自动化程度高、占地少等优点，适用于用地紧张的居民集居点或零散农户，但该工艺有投资和运行费用高、普适性差等问题。MBR 技术将传统污水处理生化—沉淀分离—过滤—消毒—污泥脱水干化—污泥处置等多个环节合并为一、高度集成；不排有机剩余污泥，基本无二次污染问题，出水可直接回用。经过处理出水化学需氧量小于等于 50 mg/L，固体悬浮物小于等于 10 mg/L，氨氮小于等于 20 mg/L。污水处理膜使用寿命可达 10 年以上。运行费用少、运行管理简单、抗负荷能力强。MBR 技术及产品可由如江西金达莱环保股份公司等相关产品生产方提供。

日本净化槽（Johkasou）技术是在农村分散污水处理方面应用的一体化处理设施技术，发源于 20 世纪 60 年代，经过几十年的发展，已经形成了一套比较完善的技术管理体系，在保护日本乡村水环境方面发挥了重要作用。该技术实为一种一体化反应器，2011 年，位于太湖流域东苕溪上游的浙江安吉县引进日本久保田株式会社水环境系统事业部提供的净化槽技术用于流域生活污水的处理，大大改善水环境并为太湖流域清水入湖目标的实现提供技术支撑。该系统建造成本为 20 000～25 000 元/m³，运行成本为 0.63 元/m³，农村小规模的工程处理站规模一般较小，无须专人看管，配置 1 人定期现场巡视即可，且工程占地面积小，出水水质好，运行方式灵活，但建设费用相对较高。从推广应用的角度考虑，净化槽技术适用于对水质要求较高和经济较发达地区选用。

7）生物滤池

生物滤池（BF）是一种人工构建并控制的主要利用天然净化能力的污水处理技术，它利用了生物过滤，综合了物理的、化学的、生物的复杂过程，使污水中污染成分得以降解，无害化或转化为可利用的物质。生物滤池适宜处理污染浓度或负荷较低的污水，其处理污染负荷一般低于传统二级生物处理法，但化学需氧量、生化需氧量、N、P、病原菌去除率高于传统二级生物处理法，处理出水水质更优且稳定。整套工艺适用于经济条件一般、进水量变化大、环境要求高的村庄。

多层复合滤料生物滤池+生态净化组合工艺：生活污水经管网收集后由自吸泵将调节池内的生活污水提升到高位水箱，经自动虹吸布水装置喷洒进入脉冲多层复合滤料生物滤池，经反应后出水由下部沟道排放到生态净化系统进行深度处理。生态净化系统结合当地可利用的废弃池塘、低洼地，分别采用生态塘、人工湿地等生态工程工艺；生态净化系统还可以考虑将村落地表径流接入，与污水尾水一起处理，并预留通道在农灌期将处理出水直接排入农灌渠进行农田回用。

塔式蚯蚓生态滤池（TEEF）组合工艺前段由三格式化粪池进行预处理，水解酸化池具有沉淀和消化的功能。塔式蚯蚓生态滤池由多个塔层组成，每个塔层内有 30 cm 左右的以土壤为主的滤料层，既是蚯蚓活动区域也是生活污水的主要处理区域，土壤层下是不同粒径、不同种类的填料。每个塔层下面布有均匀的出水孔，塔层与塔层之间有 40 cm 左右的空间，在污水滴落的过程中，可以充分补充有机质分解时所需的氧。经反应后出水由下部沟道排放到人工湿地进行二级处理，最终出水排入河道或回用作农业灌溉及绿化用水。

8）稳定塘

稳定塘（SP）是一类利用天然净化能力处理污水的生物处理构筑物的总称，包括好氧塘、兼性塘、厌氧塘、曝气塘、深度处理塘、控制出水塘、储留塘等多种类型。自 20 世纪 50 年代开始，稳定塘技术在国内外得到了较多的应用。稳定塘具有工程简单、可充分利用地形、处理能耗少，成本低等特点，但是它占地大，净化效果受季节、温度、光照等自然条件影响大。

以水生植物塘为例，适合种植的处理塘内水深 1.5～2.0 m，沿堤岸由上到下立体栽种鸢尾、再力花和风车草等水生植物，塘内进水口处栽种挺水植物菖蒲、再力花、纸莎草，对水生植物塘净化出水中的有机悬浮物进一步的拦截和净化。塘中搭配放养鲢、鲫等经济鱼类，对水体中的养分和其他代谢物起到控制作用，同时增加系统的生物多样性，以利于系统的长期稳定运行。

9）曝气+人工浮岛技术

该技术适用于河道和池塘水的治理，是目前比较新型技术之一，在苏浙等省份使用案例较多。人工浮岛（AFI）也叫人工浮床，作为水边的环境保护技术——人工浮岛，20 世纪 70 年代末由德国的 BESTMAN 公司研制并使用在日本的琵琶湖作为鱼类的产卵床，90 年代从日本引入中国，在武汉和上海有最早的示范基地。浮床有净化水质、美化水面景观、提供水生生物栖息空间及进行环境教育等多种功能。其优点有浮岛浮体可大可小，形状变化多样，易于制作和搬运；与人工湿地相比，植物更容易栽培；无须专人管理，只需定期清理，大大减少人工和设备的投资，维护保养费和设备的运行费用大大降低等。目前因使用目的不一样，设计模式存在较大差别和改良，如用于资源化和水质净化双重目标的水稻人工浮床、水芹人工浮床，用于景观和净化双重目标的菖蒲、美人蕉和彩叶草等净化床。

10）透水坝+生态沟工艺

透水坝是基于人工湿地原理和快速渗滤机理而开发的非点源控制新技术，它针对平原河网地区河网密集、水力坡降小的地形特点，以及农业非点源污染的时空不均匀性，用砾石或碎石在河道中的适当位置人工垒筑坝体，利用坝前河道的容积贮存一次或多次降雨的径流，通过坝体的可控渗流来调节坝体的过流量，同时抬高上游水位，为下游的处理单元提供"水头"。它既可以拦蓄径流，也具有一定的净化效果，由于径流在坝体内具有一定的停留时间，所以通过坝体表面种植的植物及"根区"（植物根系及根系附近的微生物形成的微环境）的共同作用，能够降解径流中的氮、磷等营养物质。

生态沟是在沟底及沟壁采用植物措施或植物措施结合工程措施防护的地面排水通道。与传统圬工排水沟相比，生态沟造价低、景观效果好、生态效益高，但其适用范围不及圬工排水沟。生态沟一般可分为三类：草皮水沟、生态袋水沟、生态砖水沟，如采用六菱空心砖铺砌，空心砖内培土植草。

土地处理、湿地处理、地渗系统、稳定塘等工艺与传统二级处理系统相比，其一次性投资费用大体为传统二级处理的 1/3～1/2，运转费用大体为传统二级处理的 1/10～1/5。据美国统计局 1999 年的数据,全美国 1.15 亿个家庭中大约有 23% 的生活污水由地下渗滤装置处理。美国亚利桑那州 Tucson 市二级处理出水经土壤渗滤后存储于土壤含水层中，在干旱季节抽出用于供水。该州的 Phoenix 地区于 1967 年开始研究用土壤含水层处理二级出水，系统产生的再生水可以用于灌溉等用途，工程费用比常规污水处理厂处理便宜得多。在法国，有 30～50 个污水处理厂采用渗滤池进行污水处理，出水储存于含水层中或者抽出回用；其海岸城市 Grau Du Roi 市为减少和避免二级出水对旅游地海水的污染，出水经自然土壤渗滤层后回灌地下含水层。1992 年，北京市环境保护科学研究院建造了一个实际规模的污水地下毛管渗滤系统；中国科学院沈阳应用生态所在"八五"科技攻关项目中对土地渗滤系统应用于中水回用进行了探讨；2000 年，贵州环境科学研究设计院从日本引入最先进的地下渗滤处理技术，并在当地建立了生活污水示范工程，至今，设施运行正常，处理效果良好；清华大学于 2003 年年初在滇池流域呈贡县大渔乡太平关村建设了处理规模为 30～40 m³/d 的地下渗滤系统，可处理 200 余户村民产生的生活污水。

6.4.2.2 农村分散式生活污水处理工艺组合方式

综合考虑项目涉及的各村庄的人口规模、用水现状、用水量、地形地貌、周围环境等自然条件和经济能力、基础设施配套情况,拟选择厌氧水解、稳定塘、人工湿地和土地渗滤系统、生态沟等工艺作为主要备用工艺。

1)集中式污水处理组合工艺

集中式污水处理组合工艺适用于人口密集的村庄,一般需具有一定基础的排水系统,水污染比较突出。

主要选择的工艺流程一:集中排放的生活污水→三格式化粪池→排水沟→格栅井→水解酸化→人工湿地→强化处理氧化塘→农用或排入河道。

生活污水经管网排至格栅井内,经格栅去除毛发、塑料袋等大的悬浮物后进入水解酸化池充分沉降、硝化后,出水通过配水管均匀分配到潜流式和表面流人工湿地中,在人工湿地床中,水中污染物经过吸附、微生物降解、吸收等多种途径去除后,各户生活污水在人工湿地中通过砂石层的再分布,经过土壤的物理、化学作用和微生物的生化作用以及水生植物吸收利用后得到处理和净化,进入人工湿地采用集水管收集初步处理后的废水,然后因地制宜地进入调节池后再进入强化型氧化塘,在氧化塘深度净化后可农用或排入河道。

工艺流程二:集中排放的生活污水→排水沟→格栅井→A/O 塘系统→人工湿地系统→生态沟→农用或排入河道。

工艺流程三:集中排放的生活污水→排水沟→厌氧水解池→氧化塘→生态沟→排入河道。

生活污水进入厌氧水解池,截流大部分有机物,并在厌氧发酵作用下,被分解成稳定的沉渣;厌氧滤池出水进入氧化塘,通过自然充氧补充溶解氧,氧化分解水中有机物;生态沟利用水生植物的生长,吸收氮、磷,进一步降低有机物含量。该工艺采用生物、生态结合技术,可根据村庄自身情况,因势而建,无动力消耗。厌氧水解池可利用现有净化沼气池改建,氧化塘、生态沟可利用河塘、沟渠改建。

工艺流程四：集中排放的生活污水→排水沟→生物滤池/土地渗滤系统→人工湿地→稳定塘/生态沟→排入河道。

生物滤池或土地渗滤系统可利用目前的地势进行建设，生物滤池和土地渗滤系统的填料优先使用碎石或砾石，土地渗滤系统还可以采用鹅卵石、废陶粒、煤渣、本地土壤、黄沙、木屑、花生壳、稻草秸秆和废红砖颗粒；人工湿地或氧化塘处理：结合村庄水文、地貌，选择系统附近的氧化塘或氧化沟，改造成人工湿地，人工湿地一般采用耐污能力强、根系发达、茎叶茂密、抗病虫害能力强、成活率高、生长周期长、美观且有一定经济价值的水生植物。结合区域，一般以芦苇、菖蒲、香蒲、睡莲、莲等参考选择，使之更有观赏价值。另外，可以在湿地的周围种若干大型常年生的木本植物，以提高除污能力。生态沟渠通过种植经济类的水生植物（如水芹、蕹菜、水稻、茭、紫芋、慈姑和野荸荠等）或者结合地方花卉或水草产业基础，开展水生观赏类植物的水培产业化与水质净化互惠互作（如绿萝、水仙、铜钱草、天胡荽、紫云英、牛毛毡、睡莲、碗莲、萍逢草、轮叶黑藻、金鱼藻和苦草等湿生水生植物），可产生一定的经济效益，并侧面激发民众对区域水质净化的原动力。经过整个系统的有机结合处理，确保最终出水高标准达标排放。

2）分散庭院式污水处理组合工艺

分散庭院式污水处理工艺主要是结合新农村建设中已建设好的三格式化粪池，适用于人口分散，收集管网不齐，收集成本效益比不合算，人口数量偏少的村庄。

工艺流程一：分散排放的生活污水→三格式化粪池→排水沟→格栅井→稳定塘→生态沟→农用或排入河道。

利用现有沟渠清淤后生态改造成生态沟渠、稳定塘对黑水和灰水分散处理，处理后的尾水与灌溉水源混合后进行稻田浇灌。

工艺流程二：分散排放的生活污水→排水沟→三格式化粪池→透水坝→人工湿地→生态沟→农用或排入河道。

工艺流程三：分散排放的生活污水→化粪池（复合微生物菌剂）→生态沟→池塘人工浮岛→微孔曝气→农用或排入河道。

工艺流程四：分散排放的生活污水→化粪池（复合微生物菌剂）→生态沟→跌水曝气→水生植物塘→天然湿地→农用或排入河道。

工艺流程五：分散排放的生活污水→厌氧滤池→氧化塘→生态沟渠→农用或排入河道（图6.1）。

图6.1　厌氧滤池—氧化塘—植物生态渠处理村镇生活污水工艺流程

6.4.2.3　流域农村生活污水处理主要工程

因地制宜，对万安县17个乡镇的50余个基础条件好、人口密集的新农村建设点或中心村建设污水处理及配套收集系统，如图6.2～图6.9所示。

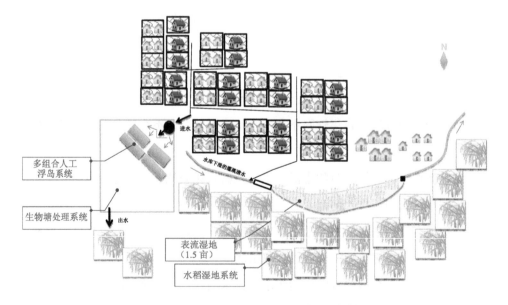

图6.2　万安县Ⅰ类丘陵-平原型农村水污染治理工艺模式

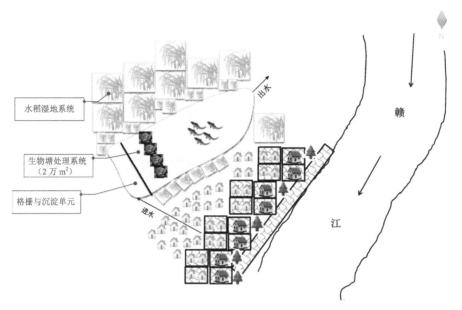

图 6.3　万安县Ⅱ类丘陵-平原型农村水污染治理工艺模式

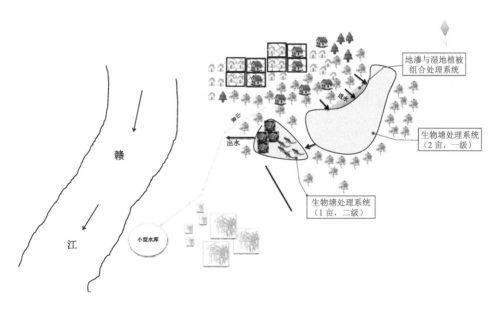

图 6.4　万安县Ⅲ类丘陵-平原型农村水污染治理工艺模式

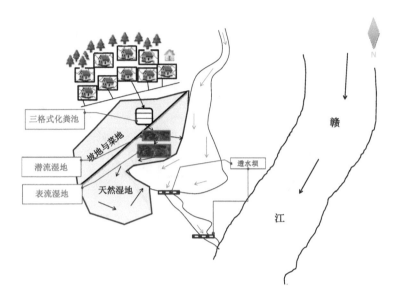

图6.5 万安县Ⅳ类丘陵-平原型农村水污染治理工艺模式

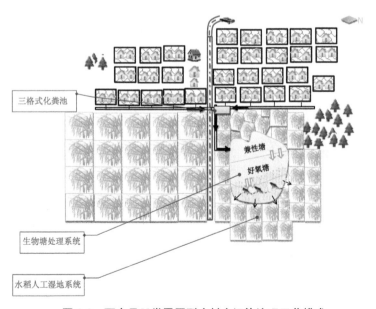

图6.6 万安县Ⅴ类平原型农村水污染治理工艺模式

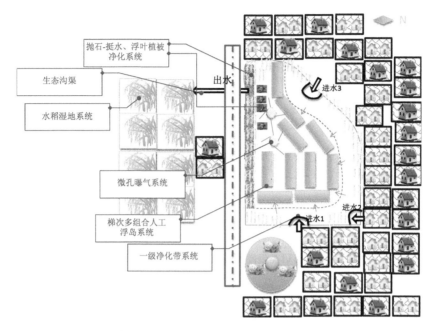

图 6.7　万安县Ⅳ类丘陵-平原型农村水污染治理工艺模式（光伏驱动曝气）

图 6.8　万安县Ⅴ类山地丘陵-平原型农村水污染治理工艺模式

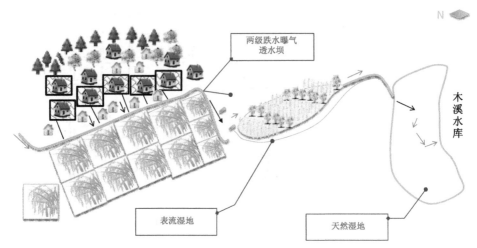

图 6.9 万安县Ⅵ类沿湖库分散式农村水污染治理工艺模式

以上推荐模式，依据万安县农村人口聚集方式、地貌与滨水特征，进行选择使用，总体符合区域的生活习惯，能资源最大化、耗能最低化。

6.5 工业点源控制与污染物削减方案

6.5.1 严格产业准入标准，设置行业退出机制

万安县工业企业的发展应当考虑当地的资源禀赋。建议经优先考虑农副食品加工、手工艺品制造等符合当地特色的产业及商业、旅游业等第三产业，而对于高耗水、高污染产业（如造纸、化工、饮料制造等），应当设置极为严格的准入门槛，避免这些企业的入驻为流域脆弱的水环境生态系统带来负担。

6.5.2 制定"三大减排举措"，推进工业污染物减排

万安县应积极研究措施，全力推进工程治理减排项目（以下简称工程削减）、结构调整减排项目（以下简称结构削减）和监督管理减排措施（以下简称管理削

减）"三大削减举措"。

（1）工程削减：大力实施园区污水处理厂减排、脱硫脱硝减排等工程。加大化工、造纸、食品等重点企业工艺技术改造和废水治理力度，实现废弃物资源化利用，降低废水中化学需氧量和氨氮排放量。

（2）结构削减：严格控制高耗能、高排放行业低水平重复建设，对化工、火电、钢铁、造纸、纺织印染、水泥等行业项目，坚持规划环评先行，优化项目布局，明确环境风险防范措施和要求，建立长效监管机制；加快推进落后产能淘汰和兼并重组，对纳入产业政策名录淘汰类项目和设备，有计划地实施关停和淘汰；淘汰"禁燃区"内燃用高污染燃料炉具，停止燃用煤炭等高污染燃料，推动重点企业实施清洁能源替代，提高民用气化率；鼓励支持低碳、低排放支柱产业的发展。

（3）管理削减：完善减排统计、监测、核查、预警、考核和公告制度，对减排工程进展缓慢、减排设置运行不正常的地区和企业，及时预警，督促整改。积极开展专项环保行动及环境风险排查行动，对境内问题企业分别采取了限期整改、停产整改及依法处罚等措施。

6.5.3　严格执行排放标准，相同产业集中治污

对于已经落户，且排放浓度超标的工业企业，应当严格执行排放标准，要求工业企业均建设污水处理设施。鼓励类似的产业可以以聚集区的形式集中起来，共同收集污水，共同治理。

6.5.4　加快治污设施建设，确保工业废水稳定达标排放

对于已经配套建设废水治理设施的企业，通过改造工艺和提高运行管理水平，力争在 2020 年年底前，达到各行业废水排放标准；对于未能配套建设废水治理设施的企业，应鼓励有条件的企业将废水接入工业园区废水治理；对于企业效益差、废水直接排放，且不具纳管条件的企业，应勒令其限期整改、关停、

搬迁，到 2020 年年底应完成所有环境统计内废水超标排放企业的整改、关停和搬迁工作。

采用如混凝物化+曝气生物滤池等工艺，在工业园区建设工业园（二期）污水处理厂，总规模为 5 000 m³/d，同时建设园区污水管网 10 km；同时完善工业园（一期）污水收集管网。

6.6　农业非点源控制与污染物削减方案

万安县种植业化肥、农药流失是影响湖体及入湖河流水质的重要因素。农田径流污染是湖体富营养化的主要来源。开展农田径流污染防治，首先是源头控制，调整种植业结构与布局。合理调整流域范围内施肥量大、耗水量大的农作物，利用不同农作物对泥沙截留和养分吸收的互补性而采取间作套种并实行合理轮作种植制度，一方面可以提高农作物对土壤中营养元素的利用率，避免养分的流失；另一方面能够充分利用有限的水资源，降低地表径流形成的机会。其次是过程控制，实施农田养分管理。推广有机、无机配施技术，以处理过的秸秆和畜禽粪便、沼液沼渣、绿肥等富含一定氮、磷养分的有机物料替代部分化肥，从而减少化肥施用量。实行测土配方施肥，推广精准施肥技术和机具。开展农作物病虫害绿色防控和统防统治。建设种养结合的循环农业系统、滴灌节水系统，控制地表径流和传统漫灌引起的营养流失。最后是末端治理。利用现有沟、塘等，配置水生植物群落、格栅和透水坝，建设生态沟渠、污水净化塘、地表径流集蓄池等设施，对农田径流污染物进行过滤、净化和拦截，以减少农田面源污染物入河量。

对百嘉、枧头、窑头 3 个乡镇的稻田基地建设面源污染防治工程，治理面积达 8 000 亩水田，采用契合当地实际的生态治理模式。主要建设内容：太阳能灭虫灯 0.8 万盏，建设农田截污沟渠 20 km，田间污染物缓冲林 30 亩，测土配肥宣传与推广，低毒农药施用宣传与推广。

6.7　畜禽和水产养殖污染控制与污染物削减方案

6.7.1　畜禽养殖污染控制

流域内应严格执行《万安县畜禽养殖污染防治规划》对畜禽养殖禁养区和限养区保护目标和要求，可养区按照养殖废弃物资源化利用的引导方向和措施开展污染防治。全部取缔或依法关闭禁养区内养殖场。限养区严格限制畜禽养殖规模，不得新建和扩建畜禽养殖场，已有的畜禽养殖场要限期建设配套粪污处理和利用设施，并保证正常运行；全面拆除限养区未经审批新建、改建和扩建养殖场。可养区要合理规划布局，养殖规模实行上限控制，不得超出环境承载能力。推行清洁养殖工艺，实行干清粪、雨污分离、雨污分流、干湿分离和沼气处理。鼓励规模化畜禽养殖场建立有机肥加工厂及与排污量相匹配的农业示范基地。

6.7.1.1　畜禽养殖污染物治理工艺比选

选用粪污处理工艺时，应根据养殖场的规模、养殖条件、自然地理环境条件以及排水去向等因素确定工艺路线及处理目标，并应充分考虑畜禽养殖废水的特殊性，在实现综合利用或达标排放的情况下，优先选择低运行成本的处理工艺。

1）模式Ⅰ

模式Ⅰ的基本工艺流程如图 6.10 所示，该模式以能源利用和综合利用为主要目的，适用于当地有较大的能源需求，沼气能完全利用，同时周边有足够土地消纳沼液、沼渣，并有一倍以上的土地轮作面积，使整个养殖场（区）的畜禽排泄物在小区域范围内全部达到循环利用的情况。

该模式基本原理是畜禽粪尿连同废水一同进入厌氧反应器，未采用干清粪工艺的，应严格控制冲洗用水，提高废水浓度，减少废水总量。采用该种模式的养殖场应位于非环境敏感区，周围的环境容量大，远离城市，有能源需求，周边有足够土地能够消纳全部污染物，养殖规模宜控制在存栏 2 000 头及以下。

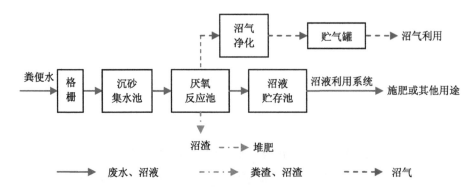

图 6.10　模式 I 基本工艺流程

2）模式 II

模式 II 基本工艺流程如图 6.11 所示，该工艺适用于能源需求不大，主要以进行污染物无害化处理、降低有机物浓度、减少沼液和沼渣消纳所需配套的土地面积为目的，且养殖场周围具有足够土地面积全部消纳低浓度沼液，并且有一定的土地轮作面积的情况。

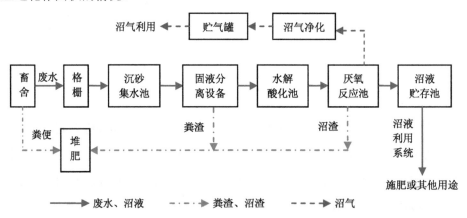

图 6.11　模式 II 基本工艺流程

该模式基本原理是废水进入厌氧反应器之前应先进行固液（干湿）分离，然后再对固体粪渣和废水分别进行处理。采用该种模式的养殖场养殖规模宜控制在存栏 2 000 头及以下。

3）模式Ⅲ

模式Ⅲ基本工艺流程如图 6.12 所示，该模式适用于能源需求不高且沼液和沼渣无法进行土地消纳，废水必须经处理后达标排放或回用，且存栏在 10 000 头及以上的情况，其基本原理是废水进入厌氧反应器之前应先进行固液（干湿）分离，然后再对固体粪渣和废水分别进行处理。

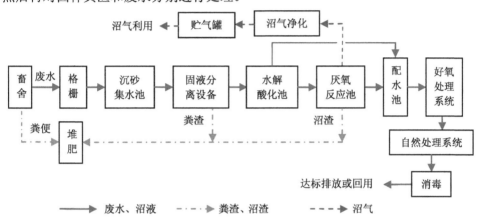

图 6.12　模式Ⅲ基本工艺流程

全面推进畜禽养殖场实行雨污分流、干湿分离，做到粪污减量化；畜禽养殖场必须配套建设与养殖规模相适应的厌氧、好氧、氧化塘工艺治理设施，实现达标排放；干清粪堆放场所具备防渗、防漏、防雨功能，经无害化处理后综合利用；新建、扩建和已建成的养猪场都必须配套建设与养殖规模相适应的病、死猪无害化处理设施，对病、死猪坚决执行"四不一处理"规定，避免疫病的扩散与传播。

6.7.1.2　规模化畜禽养殖污染物排放主要工程

2017 年年底前，在禁养区内的生猪养殖场必须迁出或关停；2018 年年底前，限养区范围的畜禽养殖场，完成干湿分离、雨污分流，建设有猪粪发酵系统、污水处理系统及病、死猪无害化处理系统；2020 年年底前，可养区范围的畜禽养殖场，完成干湿分离、雨污分流，建设有猪粪发酵系统、污水处理系统及病、死猪无害化处理系统。重点工程包括：在万安县内选取 30 个规模养殖场进行污水治理设施建设，一是每个养殖场建设中大型沼气池 1 座，包括调节池、湿式储气柜、沼肥池、沉淀池、氧化塘、发电机房和其他附属建设；二是每个养殖场采购机械格栅、污水提升泵、沼渣沼液泵、脱硫器、锅炉和发电机组等设备。

6.7.2　水产养殖污染控制

结合万安县湖库水质良好等天然优势，对于保护区、饮用水水源区、水功能区等水质要求高等水体，采用人放天养方式养殖，禁止投食性网箱养殖，走绿色、有机、生态、健康的发展道路。打造一流纯天然、纯野生有机鱼品牌基地，形成渔业产业发展新篇章，打造"叫得响、好销售、价格高"的知名品牌，积极探索水产现代冷链物流体系建设，构建从基地到餐桌的水产品全冷链物流体系。扶持壮大渔业龙头企业，在各经营主体之间建立多种形式的利益联结机制，通过利益链形成产业链。

6.8　旅游和生态环境污染控制与污染物削减方案

推进生态旅游建设，丰富生态旅游的内涵。加强流域内旅游产业的污染物控制，提升旅游区内污水处理工程，引进低污染物排放旅游观光游轮，减少水上污染物排放。以环保理念、生态安全为原则，保护沿岸生态原生景观，以生态垂钓、小型环保游船等特色生态服务，提高生态旅游的产品内涵。

第7章

流域水生态环境建设方案

7.1　区域生态保护与建设

7.1.1　水土流失治理

万安县地处江西省中南部，吉安市南缘。东连兴国县，西接遂川县，南邻赣县、南康区，北与泰和县交界，东西宽 47 km，南北长约 66 km，总面积为 2 051 km²。赣江由南向北纵贯全县。万安县东、西、南三面环山，东北部比较低平，形成河谷平原，属典型的江南丘陵地形。全县总体的地势呈现南高北低，地形以中低山、丘陵为主按照地貌形态划分，山地约占全县总面积的 34%，丘陵约占 30%，低丘岗地约占 35%，平原只占 1%。境内水土流失依然严重。严重的水土流失造成土层变薄，地力衰退，泥沙下泻，库塘淤积，河床抬高，航道堵塞，生态环境恶化。近几年水土保持投入虽有所增加，但仍偏少，水土流失治理的标准和进度不能满足水利和社会经济的发展需要。"十二五"期间万安县开展了重点治理全县 200 km² 以上的中小河流 7 条，分别是遂川江、通津河、土龙河、良口河、皂口河、白鹭水、蜀水。新建线堤 66.47 km。堤防加固 56.3 km，河道整治 41.9 km。山洪灾害治理规划治理面积 394 km²。当前，需新增水土流失治理面积 120 km²，主要涉及夏造、弹前、沙坪、五丰、窑头、罗塘等乡镇，包括沙坪、嵩阳、嘉湖、皂井、高下、寨下、横塘等 9 个小流域。主要建设内容：营造水保林 23 km²，开发经济果木林 9 km²，封禁治理 88 km²，治理崩岗 150 处，开挖沟渠 60 km²，修筑和维修塘坝 36 座，修建蓄水池 12 口，开挖水平台地 0.6 km²，水平条带 2 000 km，新修田间道路 29 km。解决农村人口 12.51 万人、乡镇人口 3.00 万人饮用水安全问题。

虽然万安县近年来水土流失治理工作扎实推进，成效显著，但同时应看到由于历史欠债较多，水土流失治理任务仍任重道远，亟须加强相关方面工作：

（1）加强水土流失的监测体系建设。加强水土流失的监测工作，扎实抓好水土流失监测预报。建立完善的监测体系，在流域生态安全基线调查中拟开展赣江万安段沿岸水土流失污染物监测。组织开展全流域水土流失情况调查并向社会公告。进一步完善全流域水土保持监测站点改造及建设，开展常规数据采集；应用遥感与地面调查相结合的方法，加强对重点区域、重点工程开展动态监测，完善水土流失评价体系，为政府宏观决策提供依据。

（2）加强水土保持监督管理力度。以新《水土保持法》颁布施行为契机，以提高水土保持监督能力为保障，按照依法行政、简政放权的要求，以法律为依据，全面梳理了流域内各水利部门水土保持工作的法定权力和责任，公布相应的权力清单和责任清单，建立了事中、事后监管制度，加强对生产建设项目的过程监管工作。

具体措施：按照"点、线、面"治理相结合的原则，对坡地区域采用河谷区坡地水土流失防治技术，利用河谷区坡耕地的地形特点，沿坡地阶梯或坡度进行多年生草本或灌木植物篱的种植，构建"梯地+植物篱"的水土流失防控模式，能有效防止坡地水土流失，降低面源性污染。

对不同流失程度、不同类型的水土流失区进行对应治理的技术优化组合模式：对轻度流失区，主要以封禁管护、封山育林为主，实施生态自我恢复；对中度流失区，主要以人工整地补植为主，改变林相，以促进植被生长；对强度流失区，采取工程、耕作与植物措施相结合的方式进行治理。

坚持以小流域为单元，山、水、田、林、路综合治理，人工治理与封育治理相结合，充分发挥生态自我修复能力，加快植被恢复重建，促进人与自然和谐共生。实施万安县水土保持综合治理工程项目，主要措施：①生物措施，营造水保林、改造经济果木林、人工种草和封禁治理等；②工程措施，修建拦砂坝、谷坊、挡土墙、山塘、蓄水池、沉砂池、排灌沟渠、生产道路等；③每个小流域建设清洁小流域建设示范点1～2个。

坚持工程措施、林草措施与耕作措施优化配置，突出小型水利水保工程尤其是雨水集蓄工程的建设，注重提高农业抗旱能力；结合当地农业主导产业，充分发挥区域资源优势，依靠群众增收来调动群众治理水土流失的积极性。开展坡耕地改造、退耕还林、退果还林、植树造林等复绿工程、截洪沟、谷坊、拦砂坝、挡土墙等建设与土地平整；利用梯地平整+泥炭土垫层（10 cm）+光合细菌和肥料播撒+原木废料地表覆盖+直接播种（泥炭土覆层）等集成技术，重点开展废弃稀土矿山水土流失区的小流域治理，加强崩岗治理，采用植生袋、生态土工格栅、边坡生态加固等技术，重点治理各类矿山、采石场、排土场。加强流域水土流失的治理，巩固水土保持小流域综合治理等项目治理成果。

7.1.2　水源涵养生态功能维持

按照功能区划分依据，经对自然本底条件、保护利用现状及开发建设增量需求开展单要素和综合集成评价分析，将万安县划分成四类功能区：①生态建设区，主要功能是生态保护和水源涵养，以及林果产品生产和旅游休闲。包括林地、草地、内陆水域和滩涂（区域面积包括在其范围内依法设立的自然保护区、森林公园、地质公园、风景名胜保护区等禁止开发区面积）。全县生态保护区面积 1 406.9 km^2，占全县土地总面积的 68.6%。②农业生产区，主要功能是粮食和特色生态农产品生产。包括耕地、园地、农村居住用地等区域。全县农业生产区面积 593.2 km^2，占土地总面积的比例为 28.9%。③城镇—工业发展区［城镇发展空间（含工业园区）—城镇工业板块］，主要功能是城镇发展、人口集聚和工业开发。城镇—工业发展区是有一定经济基础、资源环境承载能力较高、发展潜力较大，具备进行适度开发建设的城镇化和工业化区域。包括现状城镇、工业用地和 2020 年的规划用地。全县城镇—工业发展区面积 38.0 km^2，占土地总面积的比例为 1.9%。④禁止开发区，主要是指依法设立的各级各类自然保护区、森林公园、地质公园、风景名胜保护区、各类文化自然遗产以及生态建设区内划定的生态红线区域，是维护国土生态安全、保护自然资源与文化遗产、保障饮用水水资源安全、保全生物多样性、维护自然生境、促进人与自然和谐发展的核心区域。禁止开发区内必须严格控制人为因素的干扰，禁止从事与保护内容无关的任何生产建设活动，对现有居住人口实施有序地向外引导和转移。同时根据江西省生态功能区划，万安县属于赣中丘陵盆地生态区，吉泰盆地农田与森林生态亚区，吉泰盆地南部水土保持与农业环境保护功能区（代号：Ⅱ-3-5区）。万安县水源涵养功能突出，针对万安县林地水源涵养区，保障万安水库流域区间的清水产流功能，以现有生态公益林为基础保护对象，采用人工造林、封山育林、低产低效林改造等办法，营造阔叶林或针阔混交林，提高森林质量，实施低效林改造工程，扩大森林面积，改善流域内重要城镇周围及其生态脆弱地段的生态环境，加强生物多样性保护，健全森林防火、森林病虫害防治，减少流域核心区水土流失面积。

7.1.3　水源保护区规范化建设与生态灾害防治

明确水源保护区责任主体，认真落实各项工程措施和生态保护措施，切实做好饮用水水源保护区的监督管理，做好饮用水水源污染事故应急预案，制定有针对性的突发污染应急预案，科学、有效、快速应对突发事件对水源造成污染危害；实施环境监测监管工程；实施应对突发污染和常态污染工程，制定突发污染事件应急预案，建立常态污染应对技术措施；研发工程物理法除藻技术、机械打捞除藻与藻类资源化、生物控藻等除藻控藻关键技术，有效防治饮用水水源地污染，确保群众饮用水安全。

7.1.4　自然保护区、湿地公园、水产种质资源保护区建设和生物多样 性保护

加大月明自然保护区保护建设。月明自然保护区属中亚热带常绿阔叶林森林生态系统，位于万安县中部月明村，面积为 2 000 hm²，保护区有中低山灌木林、黄山松针叶林、针阔混交林、常绿和落叶混交林、常绿阔叶林、人工林等，森林覆盖率高，区内生物物种资源颇为丰富。加快申报建设月明自然保护区，既可每年争取国家项目资金对区域内动植物生态进行有效保护，减轻当前森林防火、林政管理、野生动物保护的压力，又可提升万安旅游品牌，推动以万安湖等为核心景区，月明自然保护区为配套景区的开发进程，为本区被破坏的一些原生态景点

抢救性修复提供了项目资金。

（1）加强水产种质资源库建设。开展万安赣江特有鱼类国家级水产种质资源保护区建设，保护区位于万安县中部，从南至北纵贯万安全县，包括万安水库库区及其赣江万安河段，总面积 9 560 hm^2。核心区以万安水库大坝下游赣江河道为主，全长 32 km，面积 560 hm^2；实验区为库区水面，面积为 9 000 hm^2。保护包括翘嘴鲌、斑鳜、黄颡鱼、蛇鮈等在内的产卵场、索饵场及越冬场，保护它们的生长繁育区域，特别保护期为每年 4 月 1 日—7 月 15 日。严格保护本地特有鱼类，制止和打击电鱼、毒鱼、炸鱼、无证捕捞以及使用禁用渔具捕鱼等违法行为，保护江河水生野生生物资源，维护生物多样性，促进渔业可持续发展和生态文明建设。同时保护区的建成对赣江特有鱼类资源的繁衍生息起着重要作用。

（2）加大对万安县国家级湿地公园的建设力度。湿地在涵养水源、净化水质、蓄洪防涝、调节区域气候、维持碳循环、保护生物多样性等方面发挥着不可替代的作用，被人们誉为"地球之肾"。党的十八大报告提出，要加强水源地保护，扩大湿地面积，保护生物多样性。随着生态文明建设上升为"五位一体"总体布局之一，湿地保护越来越受到重视。要加大开展江西万安湖国家湿地公园保护建设工作。本湿地公园湿地区域共有野生维管束植物 49 科 174 种，其中蕨类植物 2 科 2 种、被子植物 45 科 170 种、裸子植物 2 科 2 种。湿地区域野生维管束植物中含 10 种以上的科依次为禾本科（34 种）、蓼科（16 种）、莎草科（14 科）、菊科（13 种），上述 4 科的种数（77 种）占总种数（174 种）的 44.3%。属国家二级重点保护野生植物的有香樟 [*Cinnamomum camphora*（Linn.）Presl]、野荞麦 [*Fagopyrum dibotrys*（D.Don） Hara]、野大豆（*Glycine soja* Sieb. et Zucc）3 种。湿地公园内宝山乡黄塘村有 600 年以上树龄古樟树，涧田乡小溪村有树龄 1 000 年以上的千年杉树王。同时，公园内有 3 处规模较大的樟树群落，分别位于宝山乡水南村、涧田乡益富村和弹前乡旺坑村附近，长度绵延 1 000 m 以上。

本湿地公园的脊椎动物有 5 纲 32 目 95 科 279 种,其中云豹（*Neofelis nebulosa*）属于国家一级保护动物，属于国家二级保护动物共 23 种；本湿地公园湿地区域的脊椎动物有 5 纲 23 目 48 科 139 种，属于国家二级重点保护动物总共 4 种，分别为穿山甲（*Manis pentadactyla*）、虎纹蛙（*Hoplobatrachus rugulosus*）、鸳鸯（*Aix galericulata*）、水鹿（*Cervus unicolor*）。本公园有丰富的生物多样性资源，保障其生态功能的发挥，对维护赣江流域以及江西省内水生态安全，生物多样性保护，加强水源地保护，多样性物种基因库保存具有重要意义。

7.1.5 河道环境综合治理与生态修复

万安县中小河流源短流急，水土流失严重，加之不合理采砂以及拦河设障、向河道倾倒垃圾、违章建筑等侵占河道的现象日渐增多，多年未实施清淤，致使河道萎缩严重，严重影响了流域经济发展。对流域内汇入万安水库的各细小支流及中小河流进行河道综合整治，在河道两岸种植植被、开展河岸带生态恢复；修建截污沟、截污湿地带；建设生态防护林，打造生态景观带。

7.1.6 滨水带缓冲区生态拦截

河岸带是陆地生态系统和水生生态系统的生态过渡区，由于万安县内赣江坝下下游区两岸分布着大量的农田集约区，为保护和修复万安县的水生态环境，需对万安县河岸带面源污染严重区进行污染控制，拟开展局部河道的水生态修复与河岸带生态削减带构建，搭建生态防护体系，阻断非点源污染物的输入，为河岸带生态健康恢复提供调控保障措施。

近自然河道修复方案：不同粒径配比的卵石—河砂—黏土基质回填；水深—流速—光强梯度技术塑造；河道改曲；依据防洪安全适地开展生态堤岸外移；河道水草—湿生植被群落重建；水生动物群落技术复原等国际先进的近自然河流保全、再生修复方案；对修复河岸采用植生袋修复、生态河岸快速再生工程技术、（双穗雀稗、结缕草、糙叶苔草、狗牙根等）草甸复原技术等组合技术进行河岸防护、景观重塑、生态功能重建。

近自然河道再生辅助方案：注重施工临时避难所（沉水鱼笼、简易土工鱼道、贮水池资源临时看护）建设，对种子库丰富的施工段河岸实施土堤表土的剥离和粘贴复原；河道洲滩的乡土优势禾本科+蓼科+莎草科湿生草本种子播撒恢复。

在确保防洪防涝前提下，选择适宜性生态修复技术，采取适当的工程措施，增加河水入湖前的滞留时间，净化径流污染物。对防洪要求高的河段，对河道淤积物和沉积物进行清除，搬迁和拆除侵占河堤违法建筑，确保河道过流断面及水流通畅，降低水体富营养化程度，改善河流水质；采用河道生态护岸工程技术，提高河岸带水土保持和水生态修复能力。

7.1.6.1　重点河滨缓冲带生态拦截

因地制宜建设河滨缓冲区域，采用乡土树种和草本植物对水土流失严重和人为干扰强烈的重点河段、小流域汇集的面源污染河段实施河滨缓冲带生态拦截工程，削减入河污染负荷，缓冲带宽度设置 20～120 m 不等。

营造河堤河岸防护林：在河堤和河岸处营造防护林，减缓水流速度防止河地和河岸的冲刷。护坝护堤防护林的宽度应该在 10 m 为最优；要在坝堤迎水处距堤脚 2 m 之外以及在背水处远离堤脚处营造防护林带。

7.1.6.2　水库库周缓冲带生态拦截

对万安县内的重点水库、清水产流生态重点区进行封山育林的封闭式调控，建设湿地及自然保护小区，保持区域内独特的自然生态系统并趋近自然景观状态，维持系统内部不同动植物物种的生态平衡和种群协调发展，起到保护生物多样性、蓄洪防旱、调节气候，控制土壤侵蚀、降解环境污染等重要作用，并在尽量不破坏原生态系统的基础上建设不同类型的辅助设施，将生态保护、生态开发和生态环境功能保障有机结合起来，实现自然资源的合理开发和生态环境的改善。主要实施生态拦截、污染物消纳等技术。

（1）旱坡地面源污染物生态工程拦截技术：在库周典型小流域结合不同农业和工程技术措施对旱坡地面源污染物的拦截效果，实施高效的拦截技术措施，进行立体组合，并结合科学施肥、截留生态沟和乔灌草速植技术，实施适宜库区沿岸旱坡地面源污染物生态工程拦截技术进行生态拦截。

（2）库区消落带氮、磷生物消纳技术：采用富集吸收消落带氮、磷的多种乡土植物组合模式，构树+斑茅+双穗雀稗、枫杨+山类芦+牛鞭草、蔷薇+夏枯草+红薯、斑茅+狗牙根+苍耳+芒萁，其中将以构树+斑茅+双穗雀稗、枫杨+山类芦+牛鞭草等模式为主。

实施流域内重点库区的河滨/库周缓冲区保护和修复。优先保护流域内重点库区河滨/库周生态敏感区，含退渔还库、不合理占用河滨/库周湿地和库岸线清理等综合整治工程，逐步恢复沿河赣江河滨/库周缓冲区的结构和功能；生态恢复中要优先选用乡土物种，逐步提高缓冲区生态系统拦截能力。

根据河流类型划定合适的河岸缓冲带，缓冲带应尽可能建在靠近污染源的地方，并且沿等高线分布使水流可以平缓地流过缓冲带，建立林草障分散汇集的水流。种植本土乔木樟树且永不采伐，为水流提供遮阴和降温，巩固流域堤岸以及提供大木质残体和凋落物。

植物的种植密度或空间设计，应结合植物的不同生长要求、特性、种植方式及生态环境功能要求等综合研究确定，一般要求可参照如下：①灌木间隔空间宜为100～200 cm；②小乔木间隔空间宜为3～6 m；③大乔木间隔空间宜为5～10 m；④草本植株间隔宜为40～120 cm。植被缓冲区域面积占所保护的农业用地总面积比例宜为3%～10%。从地形的角度，缓冲带一般设置在下坡位置，与地表径流的方向垂直。对于长坡，可以沿等高线多设置几道缓冲带以削减水流的能量。溪流和沟谷边缘宜全部设置缓冲带。

7.2　资源开发的生态监管

7.2.1　资源开发规划和环评

7.2.1.1　资源开发规划

结合《中华人民共和国矿产资源法》及其配套法规、《全国矿产资源规划》、国土资源部《矿产资源规划管理暂行办法》《江西省矿产资源开采管理条例》《江西省矿产资源总体规划（2006—2020 年）》《江西省国民经济和社会发展第十三个五年规划纲要》以及《万安县矿产资源总体规划》等相关资料文件，开展相关县市的资源开发规划。制定矿山生态环境恢复治理目标、矿山"三废"排放与综合利用目标、矿山废物综合利用目标、矿山地质环境恢复治理目标等规划目标。依法划定禁采区、限采区和开采区。严禁在自然保护区、风景名胜区、森林公园、饮用水水源保护区、重要湖泊周边、文物古迹所在地、地质遗迹保护区、基本农田保护区等区域内采矿；禁止在铁路、国道、省道两侧的直观可视范围内进行露天开采；禁止在地质灾害危险区开采矿产资源；由于历史原因在禁采区已开展采矿的，需依法关闭。

7.2.1.2　资源开发环评管理

资源开发中应认真执行环境影响评价制度和"三同时"制度，对资源开发实行全过程管理。依据《中华人民共和国环境影响评价法》和《建设项目环境保护管理条例》，对资源开发规划和资源开发项目中有关环境影响评价的内容进行重点监督，防止其不符合国家环境保护法律法规，可能对生态环境造成破坏的资源开发规划和项目的立项、实施；审批资源开发建设项目要严格实行逐级备案制度，做到环境影响报告书（表）无错编、无漏审。

应制定资源开发项目生态环境监察管理办法，加强环境监察队伍的生态环境监察能力建设、制度建设和监察人员培训等工作，逐步建立资源开发建设项目生态环境监察体系。实施资源开发建设项目设计、施工、运行等全过程的生态环境监察，切实解决中小型资源开发建设项目环境影响评价执行率低和重审批、轻管理的问题。

严格执行建设项目环境保护措施和竣工验收制度。对环境保护和生态恢复措施达不到国家有关环境保护规定和环境影响报告书（表）批复要求的，需责令限期整改，监察合格报告后方可验收；超过期限未整改或整改后仍不符合要求的资源开发建设项目，依法责令其停止试运行。

7.2.2   矿山环境治理和恢复

根据《中华人民共和国矿产资源法》《中华人民共和国环境保护法》中有关加强生态环境保护、防止环境污染的有关规定，《国务院关于全面整顿和规范矿产资源开发秩序的通知》（国发〔2005〕28 号），以及《关于逐步建立矿山环境治理和生态恢复责任机制的指导意见》（财建〔2006〕215 号）等相关法律法规要求，结合万安县实际情况及相关县市矿山环境特点，逐步建立矿山环境治理和生态恢复责任机制。组织有资质的机构对试点矿山逐个进行评估，按照基本恢复矿山环境和生态功能的原则，提出矿山环境治理和生态恢复目标及要求；同时要按照"企业所有、政府监管、专款专用"的原则，使用专项环境治理资金。财政、国土资源、环境保护主管部门要高度重视建立矿山环境治理和生态恢复责任机制的工作，切实负起责任，采取有效措施督促企业按规定提取矿山环境治理恢复保证金，确保资金专项用于矿山环境治理和生态恢复。

矿山环境治理和生态恢复主要措施包括：

（1）制定矿山生态恢复管理办法，责成业主根据各废弃矿山地貌特征，限期进行因地制宜的生态恢复。加强矿山生态环境的治理和保护，对已造成生态破坏和发生严重地质灾害的矿山限期整治和进行恢复治理。

（2）开展矿山生态环境综合治理，加强废弃矿山的生态环境恢复治理，全面消除因采矿产生的自然生态环境质量问题。强化水土保持，加强建设项目水土保持方案管理，将水土保持方案审批作为必备条件。推进水土保持监督执法，加强流域水土保持综合治理，遏制人为水土流失。针对废弃矿山（开采矿种为水泥配料用砂岩，开采方式为露天开采）、尾矿库、塌陷区、崩塌、滑坡、泥石流、水土污染等矿山地质灾害进行治理，开展矿山地质灾害治理工程、矿山土地复垦工程和矿山"三废"综合治理工程，治理工程包括土地复垦工程、截排水工程，支挡（挡）工程、锚固与注浆工程、护坡工程、污水处理工程、引水工程、塌陷区构建物修复工程、采空区充填、塌陷坑回填工程、地形地貌再造等环境修复工程。

（3）万安县废弃矿山及其次生生态问题是该流域突出生态环境问题之一。大面积废弃矿区尤其是开采方式为露天开采，往往存在地形地貌景观破损（土地资源损毁、生态植被破坏）、水土流失、水土污染和地质灾害隐患等系列环境问题。转变治理思路，创新治理模式，万安县矿山环境综合治理遵循"整体推进、分类实施"的原则，以地表水污染治理和土壤改良为重点，以"水土保持—土壤改良—恢复利用"为主线展开。力争用 5 年左右时间，通过采取"工程措施+生物措施+耕作措施"的综合治理措施，即"地形整治（坡耕地）+拦挡坝（墙）+截排（蓄）水+土壤改良与植被恢复+综合利用"的具体治理，建立健全废弃矿山及项目管理的长效机制，既达到"固沙固土、绿化矿山、改善生态"的矿山环境治理效果，又有取得恢复利用的最终目标，使得流域环境风险得到防范，流域生态环境得到全面改善，流域地表水污染得到有效防治，流域民生安全得到切实保障。

（4）建立多渠道资金来源。流域矿山环境问题点多面广，需要的治理资金巨大，因此要引进市场机制，调动全社会参与矿山环境治理的积极性，多渠道筹措治理资金。对于历史上由采矿造成的矿山环境破坏而责任人有过失的，各计划部门、财政部门应会同有关部门建立矿山环境治理资金，专项用于矿山环境的保护治理；对虽有责任人的原国有矿山企业，矿山开发时间较长或已接近闭坑、矿山环境破坏严重，矿山企业经济困难无力承担治理的，由政府补助和企业分担；对于生产矿山和新建矿山，遵照"谁开发、谁保护""谁破坏、谁治理"的原则，建立矿山环境恢复保证金制度和有关矿山环境恢复补偿机制。各地人民政府要制定矿山环境保护的优惠政策，调动矿山企业及社会矿山环境保护与治理的积极性；鼓励社会捐助，积极争取国际资助，加大矿山环境保护与治理的资金投入；支持将矿山环境治理纳入市场机制之中，通过市场的调节作用促进矿山环境的治理，可采用招商引资办法，由出资人在一定时期内享有土地使用权，治理产生的经济效益归投资人所有。

第8章

流域水生态安全管理方案

8.1　流域生态安全管理方案总体思路

万安县污染防治以水环境质量改善为主要目标，以水环境功能区管理、生态补偿和交界断面水环境保护管理为辅助措施，充分发挥生态补偿等环境经济政策与总量控制的集成作用。加强相关政策之间的统一性和协调性，形成以政策研究、监测等为基础的流域水环境综合管理政策体系。在实现环境形势趋好的同时，严格防范环境风险，保障环境安全，改善民生（图 8.1）。

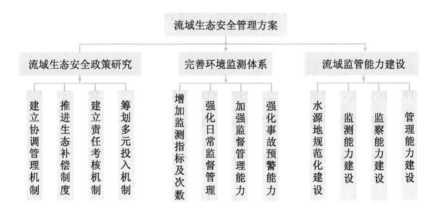

图 8.1　流域生态安全管理思路

8.2　流域生态安全政策研究

8.2.1　建立协调的管理机制，明确部门职责

通过建立协调的管理机制，明确主管部门及其职责以及相关部门职能分工，理顺部门间协作关系，形成综合协调、统一监督的管理秩序。

1）确定部门职责

明确流域管理机构职责：按照国家"三定方案""中编办批复"等文件精神，结合流域保护管理体制现状及其特点，在县政府的统一领导下，分清流域内各行政管理部门的职能和职责以及协调部门与其他相关管理部门在流域保护与管理工作中的责、权和利的关系。

2）加强组织机构建设

为提高流域保护管理能力，万安县人民政府应成立流域保护领导小组，建立环境保护局牵头的有效协调机制，组织协调流域保护及涉及流域保护与利用管理的部门之间共同合作，协调各方利益冲突，实现各部门和区域的信息交流与共享。

3）完善监督机制

为提高流域保护管理工作的有效性，应构建流域保护社会公众监督体系，并利用各种宣传方式，提高社会公众的流域保护意识，吸引民众参与到流域保护管理工作中，同时监督各部门的流域保护管理工作成效。

8.2.2　推进生态补偿制度建设

建议建立以中央、省级和市县级财政转移支付为主体、社会补偿相结合的生态补偿机制，加大对流域水土保持与水源涵养区等重要生态功能区的补偿力度，逐步提高生态公益林补助标准。

加大生态移民财政转移支付补偿力度，通过直接资金补助、无息贷款、人才培训、产业转移、"三品一标"（无公害农产品、绿色食品、有机农产品和农产品地理标志）基地共建等方式，建立多类型、多层面的可持续生态补偿机制。

8.2.3　建立健全责任考核机制

逐步完善考核办法，健全考核机制，形成一套目标明确、指标细化、措施到位的工作考核评价体系，对照流域总体目标，根据各乡镇实际情况，将目标进行分解，并与各乡镇签订目标责任书，保障方案总体目标的完成。

建立资源环境绩效考核激励约束制度体系，以政府考核、公众评价和社会评价为监督考核主体，把资源环境绩效考核作为地方党政"一把手"和相关职能部门负责人任用、奖惩的重要依据。探索编制自然资源资产负债表，建立生态环境损害责任终身追究制。对发生破坏生态红线或其他生态环境损害重大事故，造成恶劣影响的，实施环境绩效考核一票否决制。

8.2.4　积极筹划多元化投入机制，建立流域生态环境保护资金机制

通过多种渠道，采取投融资模式，按照"谁投入、谁受益"的原则，加大流域生态环境保护资金投入的保障力度，形成中央引导、地方配套，带动企业和社会资金的融入，逐步形成以中央投入为辅、地方投入为主的良性投资机制，保障多方投入、多方受益的环境投融资机制的形成。

8.2.4.1　设立流域保护基金

流域保护基金可由以下几个部分组成：①历年征收的超标排污费和排放污水费中用于污染源治理的资金；②每年积累的污染治理资金；③基金贷款利息、超期贷款罚息、滞纳金等，扣除按国家规定支付的手续费外其余部分的资金。

8.2.4.2　积极吸纳社会慈善基金

充分利用广播、电视、报刊、网络等媒体，在全社会开展多层次、多形式的村庄环境整治的舆论宣传和科普宣传，按照"政府引导、部门扶持、农民自愿、老板捐赠"的方式，争取和鼓励各种社会慈善基金用于流域保护。

8.2.4.3　积极争取国家、省市其他资金支持

通过全国流域保护工程规划，争取加大国家财政的资金支持力度。

8.2.4.4　加强与各类科研院所、高校和公司合作，筹措资金

积极开展各类合作项目，向社会宣传流域保护的重要性，展示流域保护的成果；寻求对流域保护感兴趣的各类科研院所、高校和公司的公益性捐赠（包括科研、资金等各方面）。

流域保护是一项长期的艰巨任务，只有建立了可持续的投融资机制才能保证获得稳定、持续的资金。

8.3　流域环境监测体系建设

目前，流域尚未形成完善的湿地资源调查、监测体系；缺乏常态化的监测部门、技术手段和装备，缺乏对湿地生态系统变化、生物多样性变化的系统监测；水质监测布点的数量、监测频率不够，无法建立水质模型。针对监测能力不足的问题应采取以下措施：

（1）以保障与饮水安全、防控污染风险为重点，优化水质监测断面布局、增加监测指标及监测频次，完善水环境监测体系和水环境执法监督体系，重点水域水质实现自动监测。

（2）强化环境日常监督管理能力，重点加强流域控制断面及沿河重点污染源的监测；加强重点污染源在线监测。

（3）强化流域生态安全管理能力建设，以库区为重点，强化叶绿素a、浮游植物、浮游动物等生态学指标监测能力建设；加强重金属、有毒有机污染指标监测能力建设；加强典型区农业面源污染监测能力建设。

（4）强化流域事故性监控预警能力建设，加强高危风险源调查排查与监控，加强流域事故性预警模拟能力建设。

（5）建设基于GIS的生态环境保护综合地理信息系统，系统包括环境规划、环境监测、水环境预测、评价、污染源管理、生态保护、环境应急预警预报等子系统。

8.4 流域环境监管能力建设

8.4.1 饮用水水源地规范化建设与管理能力建设

8.4.1.1 完善饮用水水源保护区规划

开展饮用水水源保护区普查，科学合理地划定和调整饮用水水源保护区。

开展土壤和地下水污染现状、污染成因调查和评价，建立污染源台账，制定环境质量监测制度，明确污染优先控制区域及控制对象，进行污染风险评价、安全区划及污染防治规划，制定城市和农村水源地保护规划。

8.4.1.2 加强污染综合防治，开展流域综合治理

以小流域为单元，强化水源地、涵养区以及山区丘陵等自然生态系统的保护与建设，构筑"三道防线"，建设生态清洁小流域，实施污水、垃圾、厕所、河道、环境 5 项同步治理。

加强农村污水治理，建设农村污水处理设施。优先考虑再生水回用于农业灌溉。加强垃圾管理，对垃圾及废物进行收集、运输、储存和处理。大力推进农村改水、改厕、改圈、改厨，解决"脏、乱、差"，改善农村环境卫生条件。

8.4.1.3 完善水源地保护制度，加强水源地监管

完善地方法规标准体系，建立水源地保护与执法监督管理制度，强化监管能力建设，加大执法监管力度。建立水源地管理机构，可由乡镇水务站、农村水管员或聘请特约监督员开展监督检查。

严把环境准入关，强化环境影响评价制度。加快实施排污许可证制度，依法规范取水和排水行为。制定禁止类、限制类、鼓励类产业发展名录。依据环境容量科学确定污染物总量控制指标，落实污染物总量削减计划，将总量削减指标分解落实到重点排污单位。实施最严格的总量控制制度、定期考核、公布制度和"三同时"制度。进一步强化排污许可证的发证与管理工作。排污企业必须申请领取

排污许可证并按照规定进行排污申报登记。

建立健全环境执法与监督管理体系，依法追究责任，加大执法力度。坚决惩处各类违法排污行为，严格清理整顿违法排污企业。坚决取缔饮用水水源地一级保护区内的工业排污口，关闭饮用水水源地二级保护区内的直接排污口。严防养殖业污染水源，禁止有毒有害物质进入饮用水水源保护区。

建立健全饮用水水源保护区突发污染事件预警体系和应急反应体系，定期检查掌握饮用水水源环境与供水水质状况，建立饮用水水源水质定期信息公告制度。开展农村供水水源地保护，设立饮水安全标志，依法查处涉及饮用水安全保障方面的案件。

8.4.2　流域环境监测能力建设方案

8.4.2.1　实验室标准化建设

对照《环境监测站建设标准》中三级站标准，按照"分步骤、有重点"的原则推进设区市、县级环境监测站进行标准化能力建设。结合监测工作的实际需要，在万安县环境监测站现有能力、仪器装备水平的基础上，采取填平补齐方式，补充各实验室应急监测仪器设备、重型防护装备、流动监测车辆改装等；更新部分性能已老化、面临淘汰的老旧仪器设备。配齐缺失监测仪器设备。

另外，努力建设水质自动监测站、野生动植物及湿地生态监测点、重点污染源在线监测系统等。同时，加强生态环境监测，生态环境监察，信息、宣教、环保科技应用研究及林业生态监测等建设。

8.4.2.2　专业人员的配备和培训

1）目标任务

对监测人员进行不定期的培训，使他们深刻地理解仪器的工作原理，能够熟练地操作所有仪器设备，达到规定的专业水平、能力指标和思想高度。

2）实施原则

更新知识，提高能力。坚持以能力建设为核心，紧跟相关科学技术发展前沿，加快万安县环境保护局专业技术人才知识更新的步伐，着力提高专业技术人才的科技水平和创新能力。

结合实际，按需培训。按照现代科学技术发展的实际需要，紧密结合万安县环境保护局专业技术岗位的特点，统筹规划，分类实施，增强专业技术人才培养工作的针对性和时效性。

突出重点。根据该项目的性质，培训内容以检测技术和监察能力建设为主，促进知识的全面掌握和能力的全面提高。

3）培训方式

集中培训。组织有关工作人员进行一定时间的继续教育集中培训。

网络、远程教育培训。依托现有培训资源，充分利用网络等现代化教育手段，对专业技术人才进行继续教育培训。

自学。根据自身情况，可采用自学、自修的方式进行个性化的继续教育培训。

8.4.2.3　环境应急监测能力建设

参考国家环境突发事件应急监测项目仪器设备配置，结合《全国环境监测站建设标准》及建设项目城市当地应急监测有关情况，为建设范围内城市环境监测站补充部分水、大气应急监测仪器设备。建立环境应急监测基础数据库和专家库。由一定数量的经验丰富的专家组成应急专家组，为相关污染事件的应急监测提供技术指导。

8.4.3　流域生态功能保护区管理能力建设

8.4.3.1　管理机构与队伍建设

加强管理机构建设。适时推进县级自然保护区规范化管理，逐步解决管理机构缺失、管理人员数量不足等问题。

8.4.3.2　人才培训体系建设

自然保护区基层专业技术人才和相关管理人才整体素质良莠不齐，严重制约了自然保护区管理水平的提高，亟待对保护区基层工作者进行培训。以提高自然保护区管理有效性为目标，通过整合资源，建立分层次、分类别、多形式的培训体系和科学规范、合理配套、高效运转的培训机制，全面提高自然保护区管理人员的思想政治素质、组织管理能力、业务技术水平和开拓创新能力，推动自然保护区事业的健康发展。

8.4.3.3 基础保护设施建设

参照《国家自然保护区规范化建设和管理导则（暂行）》，根据自然保护区的级别、面积、重要程度等因素，确定自然保护区管理工程、宣教工程、科研监测工程、办公及附属设施工程等建设标准：

管理工程，包括保护站点、保护设施、巡护设施设备、防火设施设备等。

宣教工程，包括自然保护区内的宣教中心（站、点）基础设施建设、标本陈列设施设备、电教设施、宣传牌、宣传栏等。

科研监测工程，包括简易实验室及其仪器设备、本底资源调查设备、监测样点设置及监测设施设备、科研档案管理设施设备等。

办公及附属设施工程，包括自然保护区管理机构办公场所及办公设备、配套生活设施、局部道路建设等。

对迫切需要进行小规模生态恢复工程的自然保护区，规划时将生态恢复和重建工程内容一并纳入自然保护区建设内容。

第9章

效益与目标可达性分析

9.1　效益分析

9.1.1　生态环境效益

9.1.1.1　有效保护万安县城市饮用水水源

水是人类生存的基本条件，健康的水源是城市居民身体健康的重要保障。项目实施后，通过调整产业结构，直接进行生态移民和畜禽养殖场的取缔，采取城镇污染治理工程，建设水源涵养林、生态公益林等林业保水工程，提升农田、河流湿地系统水体净化功能，建设调蓄水库，调整农业产业结构、发展现代农业等综合治理手段，最终形成流域内林业生态系统、农业生态系统、湿地生态系统共同净化流域水源水质，增强水源涵养能力的长效保障机制，为万安县城市居民长期提供充足、安全的优质饮用水水源。

9.1.1.2　进一步提高区域生物多样性

随着项目的实施，流域森林覆盖率将维持在 68% 以上，维持流域湿地面积在 4 731 hm^2 以上，保育乡土鱼类物种 5 种。区间内森林生态系统、农田生态系统以及湿地生态系统将更加健全，区域环境将得到更好的改善，区域内的生物多样性将不断提高。

9.1.1.3　保持水土，涵养水源

项目将新增生态涵养林面积 1 660 亩，建设湿地 3 亩。

9.1.1.4　促进农林渔业生产

农林渔业是以水源为基础的行业，水质的高低和水量的大小直接影响农林渔业的发展方向、发展规模和发展品质，随着流域水环境的整体提升以及现代农业发展模式的逐步建立，农林渔业的生态发展将使农副产品的价值显著提高。

9.1.1.5　减少洪涝灾害和旱灾

项目实施将增加流域水源涵养能力，通过森林的水源涵养能力来有效减少暴

雨期地表水流入万安县水体，以及增加枯水期森林涵养水源向河内释放水源，保持水量相对稳定性；同时，调蓄水库的建设有利于调节年降雨的季节不均问题，共同形成减少洪涝灾害和旱灾，维持流域供水相对稳定的局面。

9.1.2　投融资效益

9.1.2.1　生态经济效益

该项目的实施，将从量与质上提高生态系统的服务功能和价值，通过封山育林、生态公益林建设、水源涵养林建设等，万安水库流域区间森林面积活立木蓄积量将大幅提升。

良好的水环境保护给万安县国家湿地公园的景观价值提升带来不可估量的生态旅游效益，为区域产业结构调整和新型高附加值服务产业的发展带来更广阔的发展前景和商业价值。按接待量 50 万人次的能力计算，人均消费 200 元/日估算，可见，旅游价值相当大，但环境损害后，考虑到前期硬件和人力投入，水体污染所丧失的旅游价值就会远高于估算的商业价值。因此，项目实施后的经济效益是多方位、长久性的，并具有很强的关联带动效益。

9.1.2.2　城市供水的经济效益

万安县可供共计约 20 万人的饮用水，按 2 万 m^3/d 计，项目实施后，城市供水水源充沛、水质优良（Ⅱ类甚至优于Ⅱ类），能充分保障城市的用水安全，如果按每 1 m^3 饮用水价值 1 元计算，每天将产生约 2 万元的价值。

9.1.3　管理效力

9.1.3.1　环境应急能力提升

该项目的实施，能加强万安水库区间河流内环保部门环境应急能力，提升突发环境事件应对水平，规范环境应急管理机构。对万安县环境保护局进行环境应急能力标准化建设，建设环境应急系统（已接入市、省环境应急系统）。具有相应的应急防护装置、调查取证设施、应急设备（应急检测箱）、执法和应急车辆（包括环境应急监测车及其配套的监测设备）等。保有应急防护工具（包括探照灯、防护面具、防护服等各种处置环境事故时所用工具）；储备应急物资，储备活性炭、吸油毡以及其他应急物资。

9.1.3.2　监察能力的标准化

该项目的实施，提高了对赣江（万安段）流域区间河流的水污染环境监察能力，对流域所在的万安县环境监察大队进行监测能力标准化建设。具有一支配备环境监察取证装备、移动通信与基本办公硬件装备的环境监察大队，并且还配备了较完善的标准化环境监察设备：PDA 系统、GPS 定位仪、便携取证设备、暗管探测器、便携式多参数水质测定仪、便携式水质检测仪（10 项指标）、便携式重金属测定仪（15 项指标）、便携式流速测量仪、激光测距仪等。

9.1.3.3　监测实现在线和实验室标准化建设

该项目的实施，能提升赣江（万安段）流域区间河流生态环境监测能力；对流域所在的万安县环境监测站进行标准化建设。在沙坪镇、顺峰乡和窑头镇建立水生生态及湿地监测点，配备常规及应急监测装备等，提高湿地生态监测能力。

在万安县万安水库坝址、沙坪镇、潭坑口新建或完善 3 个站房式水质在线自动监测系统，实现水质主要理化 5 参数及高锰酸盐、叶绿素 a、水体毒性、氨氮、总磷、总氮、重金属等指标实时在线监测。对万安县主要河段水质情况实现 24 h 不间断监测，使水环境突发事件应对能力得到提升，提升监测能力。

9.1.3.4　信息化平台建设

建立信息化环保信息综合管理平台，包括废水、河流在线监测系统，远距离视频监控系统，环境质量监测系统，12369 智能受理系统，GIS 地理信息系统等子系统。

9.1.3.5　环境科普宣教

加强新闻舆论的宣传和监督。用报刊杂志、广播电视、网络等媒体，做好流域水污染防治宣传工作，充分利用互联网优势，加强区域网络宣传。积极鼓励公众参与，提高全民的流域意识。结合万安湖国家湿地公园的建设，在流域内发展湿地生态游、湿地科普游等生态型旅游活动，能让广大游客在欣赏湿地的同时，普及科学知识与生态环境保护等方面的教育，增强广大游客和市民的环境保护意识，起到科普娱乐和促进保护的作用。

9.1.4 社会效益

9.1.4.1 开展万安水库流域区间河流保护，实施生态移民工程，能极大改善区域环境质量，采用生态移民，能极大提高民众的生活质量

万安上游多为深山区，海拔相对较高，耕地相对较少，贫困群众主要靠"望天丘"和"挂壁田"维持生计。将这些贫困群众整体移民搬迁出去，通过退耕还林、还草，移民土地复绿，万安水库流域区间河流流域自然生态得到修复，也可以减少对土地和山林资源的消耗。同时，将可开发利用的土地山林资源流转到专业合作社、农业龙头公司、工商企业等规模经营，便于有序、合理开发利用与管理。

生态移民有利于快速减少贫困人口，据万安县的测算，一个农民进城，需要资金投入 8.3 万元，但可大幅拉动内需，是投资产出比较高的模式，也是生态扶贫较为成功的"江西模式"。

9.1.4.2 为游客创造一个优良的生态旅游环境

万安县拥有国家森林公园 1 处（万安国家森林公园，面积 16 333 hm²）、国家湿地公园 1 处（万安湖国家湿地公园，面积 4 730.91 hm²）、国家级景区 1 处（4A级：万安县高陂田北农民画村景区）、国家级水产种质资源保护区 1 处（万安水库库区及其赣江万安河段）、县级自然保护区 1 处（月明自然保护区，面积 2 000 hm²）。万安县是江西省南方重点林业县之一。105 国道、赣江水道和赣粤高速公路成"川"字形纵贯县境。县城至高速公路互通口 7 km，经高速公路至井冈山火车站 40 km，至井冈山机场 50 km，至吉安海关 60 km。已开辟县城至省内大部分和广东、福建两省主要城市的陆路客运线路，交通较为便捷。外地潜在游客量较大，通过环境治理后的万安县——绿水青山的万安县可为外地观光客提供休闲放松的天然氧吧，将带动旅游业的繁盛与社会的进步。

9.1.4.3　科普知识与生态环境教育的窗口

结合万安湖国家湿地公园的建设，在流域内发展湿地生态游、湿地科普游等生态型旅游活动，能让广大游客在欣赏湿地的同时，普及科学知识与生态环境保护等方面的教育，增强广大游客和市民的环境保护意识，起到科普娱乐和促进保护的作用。

9.1.4.4　改善区域环境，提高居民的生活质量

项目的实施还将改善当地的基础设施，特别是流域区间河流内相关村镇的环保设施，使居民生活在洁净的环境中，大大提高了他们的生活质量。

9.2　目标可达性分析

《万安水库流域区间河流水污染防治总体方案》的制定根据和《水污染防治项目资金管理办法》（财建〔2015〕266 号）中的相关要求，并结合万安县流域的自然地理特征、社会经济特征以及江西省、万安县相关规划等资料，编制过程充分分析了万安县的相关资料，识别出流域的生态环境问题，以目标和问题为导向，提出万安县水污染防治的目标方案，并从社会经济调控、水土资源调控、水污染防治、生态系统调控、生态安全管理 5 个方面制定初步方案，然后提出了万安县水污染防治的相关项目。总体而言，本方案在技术和经济上是可行的，具体分析如下：

（1）本方案既考虑了生态安全的内在要求，又考虑到万安县是赣江流域的重要组成部分，不仅提出需要限制发展的领域，也提出了鼓励发展的领域，因此该方案从整体上不会延缓生态经济区发展的总体速度。

（2）本方案的相关措施是基于江西省及万安县生态环境研究的相关成果及社会经济和城市发展规划等资料提出的，与江西省、生态文明先行示范区及万安县节能减排、低碳环保等的相关发展思路相一致，将大大减少方案实施过程中可能遇到的阻力，相反，万安县流域的生态环境保护试点还能获得省市地方绿色通道

的大力支持，这也将为很好地完成流域生态环境治理营造良好的政策环境，奠定扎实的基础。

（3）本方案提出的产业集约化发展方案符合统筹区域发展的原则，符合当今清洁生产、循环经济和科学发展的时代大趋势，有利于争取相关部门资金支持。

（4）随着江西省生态文明先行示范区建设的不断深入，江西省的产业发展定位日趋明确，万安县在绿水青山与金山银山之间的权衡定位更为清晰，低污染、低能耗、高技术、高附加值的现代产业是发展的主要方向，传统的高污染、高能耗、低技术、低附加值产业则是逐步淘汰的对象，也有利于降低单位工业产值的污染排放。

（5）所提出的农田面源污染治理工程方案与流域生态修复工程方案，是保障万安县水质提高、生境改善、饮用水安全、河流生态健康、减少今后水生态灾害发生后实际治理成本的重要生态科技支撑。

（6）总量控制指标可达性分析：万安县水污染防治试点以实施各类环境保护工程项目及措施为支撑，试点实施期限主要为"十三五"期间，结合项目安排配备，绩效发生初始年为 2016 年，4～5 个年度分步骤实施具体项目，其绩效目标将达到预设值。

（7）管理指标可达性分析：通过万安县水污染防治，设置的管理指标基本可达，万安县生态环境将得到有效保护和改善，自然资源得到合理的开发和利用，生态产业将初具规模，城镇生态功能更加健康，生态型工业链网逐步形成；将有效地拉动地方经济，促进社会文明进步，使生态效益、经济效益、社会效益形成高度统一。

项目实施后，四大类 13 个小类 49 个项目在主要污染物减排方面可每年削减化学需氧量 6 510.48 t、氨氮 983.90 t、总氮 1 305.48 t、总磷 54.48 t；其中主控规模化畜禽养殖源、城镇生活源和农村面源。通过比较，按照目标水质Ⅲ类而言，本方案的污染物削减量目标可达。

第10章

组织实施计划与保障措施

10.1　组织保障

10.1.1　加强领导，强化组织实施

为了加快万安水库区间河流水污染防治工作进程，保障流域各类工程项目顺利实施，确保万安水库环境保护与综合治理取得显著成效，建议从法律、行政、机制、资金等多个层面进行污染防治规划，另外，由于方案实施涵盖工程多，牵涉面广，涉及环保、林业、水利、国土、规划等多个部门，过去，虽然万安县政府对万安县环境污染问题采取了一系列措施，但由于万安县水系支流较多且大、流域面积大、产业结构复杂，涉及多区域、多部门，行政管理部门或者出于自身利益不配合，或者出于短期经济效益的考虑，对污染现象采取包容态度；或者由于责、权、利的不清楚，部门间或区域间相互推诿责任，造成有令难行的局面。

因此，有必要设置万安水库流域区间河流水污染防治实施方案领导小组和管理办公室对方案实施进行长期的领导和协调。建立万安水库流域区间河流水污染防治实施方案编制机构与方案实施的组织机构，落实项目的管理主体、建设主体，依据上级要求，层层落实分工，实施项目责任制，确保分工到位、责任到人。

10.1.2　建立项目法人制，落实责任主体

由于方案实施涵盖工程多，牵涉面广，涉及多个部门，容易出现由于责、权、利的不清楚，部门间或区域间相互推诿责任，造成有令难行的局面。因此通过实行项目法人制，明确和规范项目实施主体及参与项目各方的责任、权利和义务。地方政府提供政策保障，规范市场运作行为，并赋予业主单位相应的经营权和收益权，业主单位在项目实施过程中，对地方政府负责，承担风险，产生效益，业主享受由此带来的收益，达到建、管有机结合，将流域环境质量改善和长效管理纳入市场经济的轨道。

10.1.3   落实项目招投标管理

万安水库流域区间河流水污染防治实施方案涉及众多项目,项目管理均实行项目法人制、招标投标制和工程监理制,对建设项目的勘察、设计、施工、监理以及重要设备、材料全部采用招标投标方式进行。为维护建设市场秩序,保护国家和人民利益,保证项目的顺利实施,本项目施工单位的选定和物资采购等均应严格按照《中华人民共和国招标投标法》的规定执行,制定招标方式,并严格按照招标文件所规定的时间、地点开标,做到公平合理。

10.1.4   严把项目资金管理

实行资金管理制度。按照中央及省级水污染防治专项资金管理的有关要求,规范资金的管理和使用,不截留、挤占、挪用专项资金,并根据工程进度及时进行报账。项目资金严格按照审批工程建设内容专款专用,不挤占、挪用和浪费,保证资金及时到位,工程按时保质保量完成,定期对项目资金使用情况进行审计,确保管好用好项目资金。

10.2   政策制度保障

10.2.1   健全法律保障

在"山水林田湖"保护"五位一体"的精神指导下,进一步深化体制机制创新,结合地方实际,探讨研究建立统一的流域管理机构,出台流域管理的地方性法规条例。条例主要内容可包括:各级地方政府的治理任务和责任;流域统一管理机构的地位、职能以及与相关职能部门的协调配合机制;从流域源头、河流到湖泊的污染防治与生态保护的全过程管理;流域水环境、水资源、生态以及经济和社会活动等一切涉水事务的统一管理。

10.2.2　完善配套政策

制定相关的政策措施。项目建设在启动、实施阶段，为确保其顺利进行，要加大政策扶持力度。根据项目实施的具体要求，对于那些与其完全冲突和矛盾的政策，予以废止；对于不适应当前工作要求的政策进行补充和修改；对于随着形势的发展，而过去没有涉及的情况，则应提出新的政策，具体的政策如建立和实施排污权交易制度（建立畜禽养殖场废水、生活污水的排污权交易制度）；逐步减少与饮用水环境保护目标不相符的财政补贴，建立和完善环境政策引导机制，推动有利于环境保护项目的发展等。

10.2.3　加大宣传教育

加强新闻舆论的宣传和监督。用报刊杂志、广播电视、网络等媒体，做好流域水污染防治宣传工作，充分利用互联网优势，加强区域网络宣传。

加强环境宣传教育能力建设。加强流域内环境宣教能力的组织领导；抓好环保志愿者队伍建设，重视青少年环境科学爱好者协会等社团作用，建立不同层次、不同专业特点的志愿者队伍；加快环境宣教手段和环境宣教基地建设，提高录像制作、信息网络、电化教育、通信设施的能力；努力建立规范的环境新闻、影视节目、科普知识和环境资料等信息共享制度；加强与国内外的环境宣教交流和合作，建立相对稳定的互访渠道。

积极鼓励公众参与，提高全民的流域意识。公众是推动环境保护工作的重要力量，特别是一些民间环保组织发挥着积极作用。动员社会舆论监督一切破坏和损害流域生态环境的行为。正确引导流域环保公众参与，完善公众参与制度，及时准确披露各类环境信息，扩大公开范围，保障公众知情权，维护公众环境权益。

10.3　资金保障

10.3.1　加大财政投入

财政投入是流域生态安全保护和污染治理的关键所在，流域内各级地方政府要高度认识保障流域生态安全的重要性，在中央资金的鼓励引导支持下，切实增加流域污染治理与环境保护的投入，将流域保护资金列入本级预算。流域污染治理与环境保护的投入占财政总支出的比例，以及全社会生态环境与建设的投入占国内生产总值的比例要逐年增长。

10.3.2　建立多元投融资

坚持以改革的思路，用市场化的手段，建立多元化的投融资机制，鼓励和支持社会资金投向流域水污染防治领域。政府通过财政扶持、延长项目经营期限等政策，鼓励不同经济成分和各类投资主体，以独资、合资、承包、租赁、拍卖、股份制、股份合作制、BOT、PPP 等不同形式参与流域水污染防治，拓宽资金融资渠道。建立生活污水排放和包装收费制度，为污染治理筹措资金。

要抓住机遇，积极向上申报水污染防治、良好湖泊生态环境保护专项、水土保持、改厕改水、农业、林业等相关项目，并统筹安排项目，整合使用资金，同时要积极自筹部分资金。各项目实施牵头部门要结合实际，提出项目实施过程中争取上级项目支持、本部门组织专项投入，发动群众投资投劳以及申请财政补助不足部分资金建议意见，并尽快组织实施。

10.3.3　健全资金监管

建立、完善专项资金使用制度，强化预算管理，提高专项资金的使用效率和公平性。按照万安水库流域区间河流水污染防治实施方案设置工程的进度，支付各期工程资金，设立监督小组，对资金的使用进行监督，保证专款专用，杜绝挪用工程专项资金情况。设立万安水库流域区间河流水污染防治专项资金，主要用于流域污染源治理、饮用水水源地保护、生态修复、环境监管等内容开支。

10.4　长效机制

10.4.1　健全监控网络建设，加大环境执法力度

提高环境监测标准化能力建设。完善监测人员和监测设备配置，提升万安县水质生态环境和底泥监测能力；完善流域监测网络布设，实现全流域水质监测。整合已有环境监测系统，完善流域环境监测体系，建设监控网络，实行水文、水质、气象、生态统一监控和数据共享，并实施水质水量联合调度。

强化环境监督执法能力，按照国务院印发的《关于加强环境监管执法的通知》，设立流域环境监察专员，推进环境监察机构标准化建设，完善调查取证等监管执法装备配备，保障基层环境监察执法设备。定期开展流域环境执法大检查，加强督促、监察和指导，一旦核实违法行为，加大处罚力度。建立定期调度工作机制，及时向环保部门汇报情况。

积极开展流域水污染事故响应应急体系建设，加强生态遥感动态监控，全天候监控流域主要干支流的重点水质断面和重点污染源，全面掌控水质和污染源动态。对湖泊整治的重点区域、重点项目以及重点水质保护区域安装视频监控，通过远程监控平台实时掌握区域工程项目动态，及时、科学、全面、准确地掌握区域生态环境现状、变化及趋势，为生态环境应急提供技术支持和技术服务。构建突发环境污染事件预警和应急指挥平台，提升预警和应急指挥水平。

10.4.2　加强环境管理信息化建设

构建信息化管理平台，开展环境质量管理系统、污染源在线监控系统、项目

管理系统、应急信息管理系统等建设，整合流域软硬件设备和各类基础大数据，整合已有监控体系和监测数据系统，以空间数据应用为重点，实现重点污染源数据的空间定位，强化 ArcGIS 的数据空间展示。实现环境信息采集、传输和管理的数字化、智能化、网络化，准确掌握流域水环境质量状况，提升环保决策科技支撑能力。

以信息平台为载体，构建信息发布与公众参与机制，强化信息公开与公众监督的具体落实，做好公众监督与公众参与系统建设，实现全过程实时监管，规范信息公开，推进环保决策与环境管理的全民参与。

构建信息联动机制，推进全民联动、全部门联动，做好信息与资源共享，加强决策信息化平台信息共享和公开，推动环保服务公众化，提高环保工作执行能力和支持度。

10.4.3 全面实施河长制

全面实施"河长制"，推动各级党委、政府以及村级组织全面履行河湖保护管理责任，创新河湖保护管理体制，建立水陆共治、部门联治、全民群治的河湖保护管理长效机制。按照"明确目标、落实责任、长效监管、严格考核"的要求，建立健全"河长制"管理制度，细化落实到更小支流，通过统筹河流保护管理规划、落实最严格水资源管理制度、开展饮用水水源地保护、加强水体污染综合防治和重点水域监测、推动河流湖泊生态环境保护与修复、加强水域岸线管理、加强行政监管与执法、完善河流保护管理制度及法规等举措，全面改善河流湖泊水质和水环境，促进经济社会与生态环境协调发展。

10.4.4 排污许可证管理制度

制定排污许可证管理制度。依法启动排污许可证核发工作，制定并发布分阶段实施目录。探索通过政府购买服务方式强化排污许可证管理技术支持，建设排污许可证管理信息平台，严格排污许可证后续监管。定期向社会公布排污许可实施情况，接受公众监督。各类排污单位要严格执行排污许可证制度，建立完善环境保护责任制度，切实加强污染治理设施建设和运行管理，确保污染防治设施正常运行和污染物排放稳定达标。企业要自行监测或委托监测污染物排放情况，积极落实治污减排、环境风险防范等责任。重点排污企业必须取得排污许可，规范安装污水排放在线监测设施。

10.4.5　生态保护红线制度

加强生态保护红线制度建设，优化产业空间布局和严格区域的环境准入。

一要管住空间的红线，要把水资源水环境承载力作为区域发展的刚性约束，要通过规划环评、战略环评划定生态保护红线，明确生态发展的空间定位、生态功能定位和准入条件，优化生产生活生态空间布局和开发管制界限。

二要设定总量的红线，建立区域污染物行业排放的总量管理模式，通过在区域行业上管住污染物的总量来调控区域范围内的开发规模和强度，推动产业升级和结构调整。

三要明确准入的红线，要实行产业准入源头控制和差别化管理，对流域内主要支流制定水污染物特别排放限值，严格项目的准入规定，根据实际制定负面清单，依据国家确定的水质目标和水体的功能区划的要求，制定更加严格的地方标准，倒逼企业转型升级和产业退出。

四要开展水环境承载能力监测预警，要发布预警信息，对水环境承载能力较弱的地方要进一步提高准入门槛，让"准入红线"动态起来，一切以水环境质量和水环境承载力来决定。

10.4.6　生态补偿制度

深化小流域水环境区域补偿制度，落实并完善《江西省流域生态补偿办法（试行）》，坚持"谁开发、谁保护，谁破坏、谁恢复，谁受益、谁补偿"的原则，探索实施小流域上下游间的生态补偿机制，根据水质目标要求，统筹考虑全流域补偿资金，提高上游补偿资金标准，优先侧重支持万安县区域环保投入；制定水环境区域补偿资金结算使用管理实施细则。县区要探索建立辖区内各乡镇间的水环境区域补偿机制。

10.4.7   生态环境损害领导干部离任审计制度

建立生态保护和重点生态建设项目的生态审计制度，对领导干部任期内的生态环境质量变化情况和重点生态建设项目的生态效益进行综合评定，审计通不过的，领导干部不得提拔重用；生态环境质量严重恶化的，要追究决策失误责任；生态建设项目造成生态破坏的，要追究项目负责人的责任。

10.4.8   试点建立水生态功能分区管理模式

试点试行水生态环境功能分区管理模式，逐步实现从单一的水质目标管理向水生态健康指数、容量总量控制、生态空间管控、物种保护等多指标综合管理转变。实施水生态健康指标考核，强化对生物物种的保护，恢复和提升水体的生态服务功能。对水生态环境功能实行分区、分级管控，在水生态功能区内逐步实施差别化的流域产业结构调整与准入政策，淘汰落后产能，完善落后企业退出机制，建立以水生态功能分区目标为依据的空间管控制度。

10.4.9   试点建立"山长制"

参考"河长制"建立"山长制"，加快推进万安县水污染防治建设工程进程，积极探索建立森林资源保护管理"山长制"，构建县、乡、村三级责任体系，形成政府主导、部门联动、全民参与的森林资源保护管理长效机制。通过建立"山长制"，推动各级党委、政府以及村级组织全面履行森林资源保护管理职责，共同承担林木林地保护、野生动植物保护、湿地保护、封山育林管护和森林防火、林业有害生物防治、打击毁林犯罪等森林资源保护管理工作任务。同时，各级党委和政府要加强对"山长制"工作的督促检查，建立问题督办制度，对森林防火、封山育林等森林资源保护管理重要事项定期进行督促检查，发现问题及时下发督办单，责令限期整改。建立森林资源保护管理责任制，健全森林资源保护"山长制"绩效考核评价体系，县、乡、村三级层层签订责任状，一级抓一级，层层抓落实，将"山长制"工作列入乡年度绩效考核内容，采取平时检查与年度考核相结合的方式进行，平时检查情况纳入年度考核计算得分。对因失职、渎职导致森林资源和生态环境遭到严重破坏的，依法依规追究责任单位和责任人的责任。